AF385398

NOUVELLES ARCHIVES

DES

MISSIONS SCIENTIFIQUES

ET LITTÉRAIRES

CHOIX DE RAPPORTS ET INSTRUCTIONS

PUBLIÉ SOUS LES AUSPICES

DU MINISTÈRE DE L'INSTRUCTION PUBLIQUE ET DES BEAUX-ARTS

TOME XIV

Fascicule 1

PARIS

IMPRIMERIE NATIONALE

MDCCCCVII

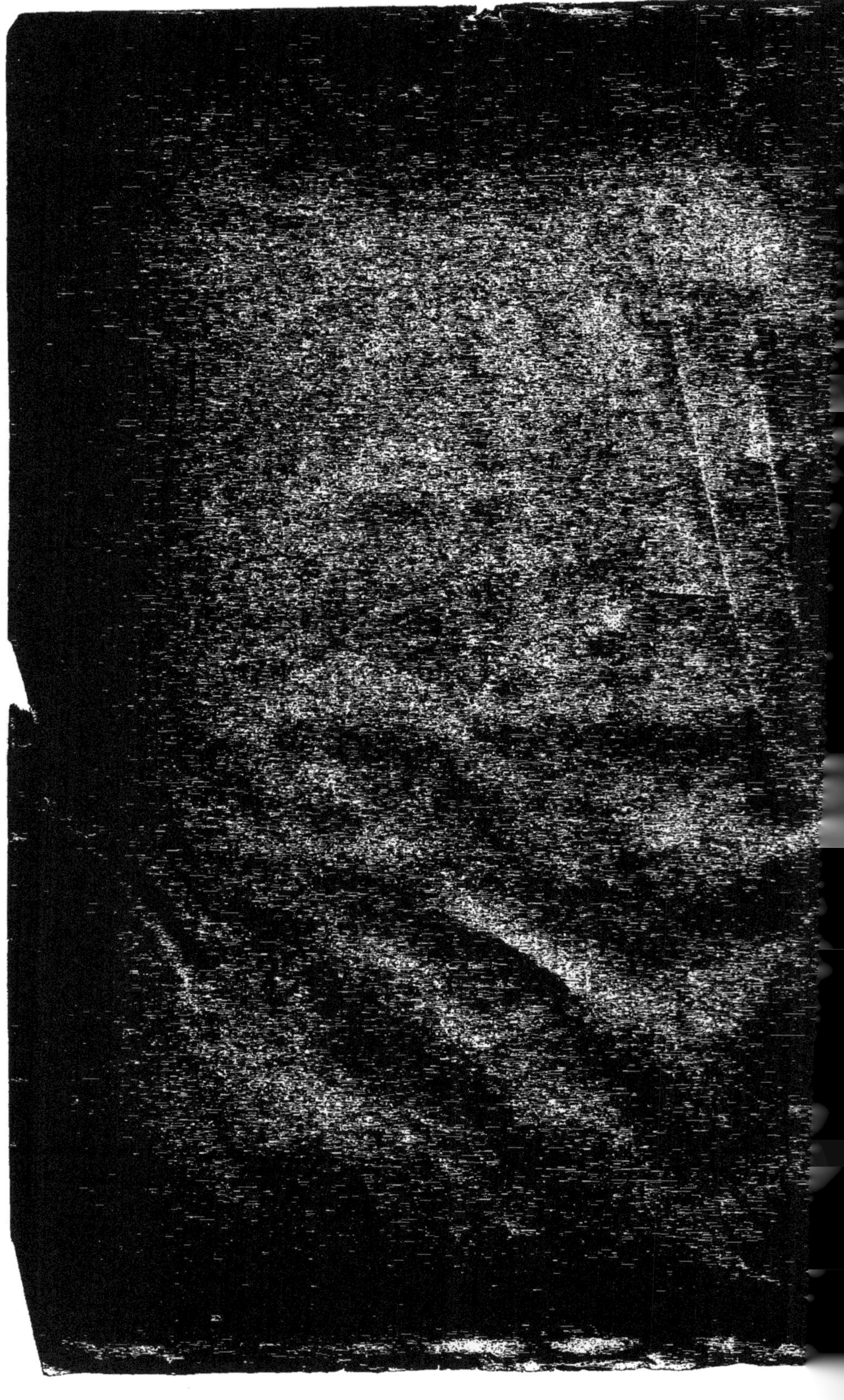

NOUVELLES ARCHIVES

DES

MISSIONS SCIENTIFIQUES

ET LITTÉRAIRES

NOUVELLES ARCHIVES

DES

MISSIONS SCIENTIFIQUES

ET LITTÉRAIRES

CHOIX DE RAPPORTS ET INSTRUCTIONS

PUBLIÉ SOUS LES AUSPICES

DU MINISTÈRE DE L'INSTRUCTION PUBLIQUE

ET DES BEAUX-ARTS

TOME XIV

BIBLIOTHÈQUE
(COMPIÈGNE)
DE LA VILLE

PARIS

IMPRIMERIE NATIONALE

MDCCCCVII

NOUVELLES ARCHIVES

DES

MISSIONS SCIENTIFIQUES

ET LITTÉRAIRES

CHOIX DE RAPPORTS ET INSTRUCTIONS

TOME XIII

PARIS

IMPRIMERIE NATIONALE

NOUVELLES ARCHIVES

DES

MISSIONS SCIENTIFIQUES

ET LITTÉRAIRES

CHOIX DE RAPPORTS ET INSTRUCTIONS

PUBLIÉ SOUS LES AUSPICES

DU MINISTÈRE DE L'INSTRUCTION PUBLIQUE ET DES BEAUX-ARTS

TOME XIV

Fascicule 1

BIBLIOTHÈQUE
(COMPIÈGNE)
DE LA VILLE

PARIS

IMPRIMERIE NATIONALE

MDCCCCVII

NOUVELLES ARCHIVES

des

MISSIONS SCIENTIFIQUES

ET LITTÉRAIRES

CHOIX DE RAPPORTS ET INSTRUCTIONS

publiés sous les auspices

DU MINISTÈRE DE L'INSTRUCTION PUBLIQUE ET DES BEAUX-ARTS

TOME XII

Fascicule 1

PARIS

IMPRIMERIE NATIONALE

MDCCCCIV

BIBLIOTHÈQUE DE LA VILLE [stamp]

MINISTÈRE DE L'INSTRUCTION PUBLIQUE

NOUVELLES ARCHIVES

DES

MISSIONS SCIENTIFIQUES

RAPPORT

SUR

UNE MISSION SCIENTIFIQUE

DANS

LES JARDINS ET ÉTABLISSEMENTS ZOOLOGIQUES

PUBLICS ET PRIVÉS

DU ROYAUME-UNI,

DE LA BELGIQUE ET DES PAYS-BAS,

PAR M. GUSTAVE LOISEL,

DIRECTEUR DU LABORATOIRE D'EMBRYOLOGIE GÉNÉRALE
À L'ÉCOLE DES HAUTES ÉTUDES,
PROFESSEUR DE ZOOLOGIE AUX COURS SECONDAIRES DE LA SORBONNE,

MONSIEUR LE MINISTRE,

Les Jardins zoologiques qui existent actuellement dans le monde, à l'exception de celui de Schœnbrunn, dérivent tous, en quelque sorte, de notre Jardin des Plantes. Ils sont venus longtemps après, puisque le plus ancien, celui de Londres, n'a été ouvert qu'en 1828 et ils l'ont tous pris comme modèle : dans leurs volières, leurs cages et leurs parcs, dans leurs musées et leurs Jardins d'étude. C'est là une constatation qui a été faite, d'une façon très explicite, par M. Henry Scherren dans son livre : *The Zoological Society of London. A sketch of its foundation and development* (1906,

p. 19) et par M. Stanley Flower, dans un rapport de mission dont nous parlerons plus loin. C'est ce dont on peut se rendre compte en comparant les dessins que donne M. Scherren des logements d'animaux du Jardin de Londres vers 1850, à ceux qui existent encore aujourd'hui, non modifiés malheureusement, dans la Ménagerie du Jardin des Plantes.

Mais si ces Jardins étrangers se sont inspirés, dès l'abord, de notre vieil établissement national, ils se sont agrandis depuis et ont renouvelé, dans ces dernières années, la plus grande partie de leurs anciennes constructions. Pour cela, les Directeurs ou Surintendants de quelques-uns de ces Jardins zoologiques ont parcouru les principaux pays d'Europe pour se rendre compte et profiter des progrès réalisés dans les divers établissements similaires.

Nous avons pris connaissance des relations de ces voyages d'études et de voyages semblables, et il nous paraît utile de vous en faire connaître avant tout les principales données.

C'est d'abord un surintendant du Jardin zoologique de Londres, M. Ph. L. Sclater qui, de 1863 à 1900, consacre chaque année une partie de son temps à visiter les établissements zoologiques du continent, de l'Egypte, de Tunis et même du Cap. Ses voyages ne lui ont pas donné l'occasion de faire une étude complète de ces établissements ni un rapport d'ensemble, mais seulement un certain nombre de courtes notes qui ont été publiées dans les *Proceedings* de la Société zoologique de Londres, aux années correspondantes.

Nous trouvons ensuite un membre de cette Société, M. C. V. A. Peel qui a visité, en 1901, les principaux Jardins zoologiques d'Europe et qui a publié une relation de son voyage (en 1903) sous le titre de *The zoological gardens of Europe; their history and chief features.* — M. Peel ne nous paraît pas avoir apporté un véritable esprit critique à son œuvre. Ses descriptions sont toujours écourtées et l'on se ferait une idée bien incomplète, parfois même fausse, des Jardins qu'il décrit, si l'on s'en tenait toujours à ses jugements. C'est ainsi qu'il consacre douze pages au Jardin d'Acclimatation du Bois de Boulogne alors que la description de notre Jardin des Plantes actuel tient toute entière en deux pages. Il trouve, du reste, que la collection d'animaux y est très belle; il signale en particulier la maison des Lions, les collections de Moutons, de Chèvres, d'Antilopes, de Porcs sauvages et de Zèbres; mais il ne mentionne même pas la grande volière, ni la maison des Reptiles qui sont pourtant les plus intéressantes de notre Ménagerie.

En 1904, la Société zoologique de Londres, chargea le Surintendant de son Jardin, M. R. J. Pocock, d'un voyage d'études dans les Jardins zoologiques du Continent avec mission de noter les perfectionnements applicables à celui de Londres.

M. Pocock consacra quelques semaines à parcourir les Jardins d'Allemagne, de Belgique et de Hollande.

A son retour il écrivit un rapport, non publié; une copie du manuscrit nous fut gracieusement offerte par le Secrétaire général de la Société, M. Chalmers Mitchell.

Dans ce rapport M. Pocock divise les Jardins qu'il a visités en deux catégories. Berlin forme à lui seul la première et doit sa supériorité à la magnificence de ses constructions et à la splendide collection de grands Mammifères (spécialement de Félins et d'Ongulés) qu'il possède.

Quant aux autres Jardins, qui ont chacun leurs mérites et leurs défauts respectifs, ils forment une seconde catégorie, dont Hambourg et Dresde tiendraient le premier et le second rang.

M. Pocock ne décrit pas ces Jardins séparément; il considère seulement les divers groupes d'animaux et compare leurs logements dans les différents Jardins qu'il a visités. Il note, en passant, que les Jardins allemands tirent leurs principaux revenus de l'argent fourni par les entrées des visiteurs, attirés peut-être autant par les concerts et les restaurants que par les animaux eux-mêmes. Aussi ce revenu peut varier beaucoup suivant l'état du temps. En Hollande règne un principe différent : en dehors de certains jours de fête, le public ordinaire n'est pas admis dans les Jardins zoologiques; l'entrée payante aux portes est réservée aux étrangers qui visitent la ville. Cet exclusivisme a pour résultat d'amener la plupart des riches habitants de la ville à devenir souscripteurs, assurant, par cela même, un budget beaucoup plus fixe à la Société.

En 1905, M. Stanley Flower, directeur du Jardin zoologique de Giza, près du Caire, fut chargé, par le gouvernement égyptien, de visiter les Jardins zoologiques d'Europe en vue d'augmenter et d'améliorer les collections d'animaux de son Jardin. Le rapport de ce voyage, dont M. Stanley Flower a bien voulu nous envoyer un exemplaire, fut publié par le gouvernement, en 1906, en un fascicule de 43 pages.

Ce rapport est plus étendu et plus documenté que celui de M. Pocock, mais il ne comporte pas davantage une étude approfondie de chaque établissement visité.

Après avoir donné, dans une note préliminaire, la liste des Jardins zoologiques qui existent dans le monde entier, M. Flower décrit, en quelques lignes, les Jardins zoologiques, les Aquariums et les Musées zoologiques des principales villes d'Europe. Il note en particulier que sa visite à notre Jardin des Plantes lui a causé quelque désillusion; il trouve, en effet, que la plupart des maisons d'animaux y sont vieilles et qu'elles n'ont plus que le mérite d'avoir servi de modèle, dans le passé, à des installations semblables. Il remarque aussi que les collections d'animaux sont pauvres, surtout celle des Singes dont la vue lui causa un véritable désappointement. « Cependant, ajoute-t-il, la grande volière ou *Flying cage* est de beaucoup la plus belle et la mieux comprise de toutes celles que j'ai vues. »

Dans les autres chapitres, M. Flower énumère les espèces animales les plus remarquables qu'il a vues et les Jardins qui les possèdent. Il termine, enfin, en donnant la liste des animaux vivants qu'il a achetés, au cours de sa mission.

D'autres voyages de missions zoologiques étrangères ont encore été faits pendant ces dernières années, mais ils n'ont plus qu'un rapport éloigné avec notre propre mission, car aucun n'a eu pour but l'étude spéciale des collections d'animaux vivants. Nous citerons donc seulement, sans nous y arrêter, les études de A. B. Meyer [1] et celles de David Murray [2] qui concernent les Musées zoologiques d'Europe et d'Amérique. Pour la seconde, nous ajouterons toutefois qu'elle comprend d'abord une partie historique très documentée, puis une étude complète des principaux Muséums d'Europe, des États-Unis et du Canada.

[1] a. *Ueber Museen des Ostens der Vereinigten Staaten von Nord Amerika* (*Abhandl. und Berichte des Königlichen zoolog. u. Anthrop.-Ethnol. Museum zu Dresden*, Bd IX, 1900-1901). — b. *Ueber einige Europäische Museen und verwandte Institute* (*Abhandl. und Berichte des Königlichen zoolog. u. Anthrop.-Ethnol. Museum zu Dresden*, Bd X, 1902-1903, n° 1). — c. *Studies of the Museums and kindred institutions of New York city Albany, with notes on some European institutions*, Washington, 1905.

[2] *Museums; their history and their use with a bibliography and list of Museums in the United Kingdom*, Glasgow, 1904, 3 vol.

Enfin, à côté de ces missions ayant pour but la visite des Jardins et des musées zoologiques, il y en eut d'autres qui furent envoyées par les gouvernements norvégien, danois, allemand, italien, anglais, américain, afin d'étudier spécialement les fermes d'élevage et les établissements de pisciculture.

En France, de nombreuses missions officielles ayant trait à la recherche ou à l'élevage des animaux sauvages ont été envoyées également à l'étranger et cela aussi bien sous l'ancien régime que depuis la Révolution. L'on trouvera, dans diverses publications des plus intéressantes d'un des maîtres actuels du Muséum, le professeur Hamy, l'indication de ces voyages qui commencent avec ceux des « pourvoyeurs de bestes estranges » de Louis XI et dont une étude complète reste encore à faire.

Mais nous ne trouvons à noter, comme pouvant être rapprochés et non comparés à notre propre mission, que le voyage d'étude de Valmont de Bomare commandé, sous l'ancien régime, par le ministre d'Argenson pour aller étudier les différents Cabinets d'histoire naturelle d'Europe [1] et, dans les temps actuels, que des voyages d'étude dans les établissements de pisciculture étrangers: missions de M. C. Raveret-Wattel accomplies de 1880 à 1884 en Allemagne, en Angleterre et en Ecosse, confiées par la Société nationale d'Acclimatation [2]; missions de M. E.-H. Sauvage, envoyé par M. le Ministre de l'Agriculture, en Angleterre, dans les années 1884 et 1887 [3]; enfin le voyage tout récent, de M. A. Cligny, directeur de la Station aquicole de Boulogne-sur-Mer, qui est allé étudier, sur place, l'élevage des Salmonides dans les établissements de pisciculture : de Huningue, de Selzenhof (près Fribourg-en-Brisgau), de Marxzell (près de Karlsruhe), de Seewiese (près de Gemünden), de Winkelmühle (près de Dusseldorf) [4].

[1] La mission de Valmont de Bomare s'étendit sur une période de douze années. Revenu définitivement en France, en 1756, Valmont de Bomare crut devoir, plus tard, détruire complètement la rédaction qu'il avait faite de ses voyages. (Voir P. MIRAULT, Notice sur la personnalité et les travaux de M. Valmont de Bomare... lue à l'Athénée des arts, le 15 mai 1808.)

[2] Les rapports de M. C. Raveret-Wattel se trouvent dans le Bulletin de la Société, aux années correspondantes à chaque voyage.

[3] Les rapports des missions de M. Sauvage ont été publiés par le *Bulletin de l'Agriculture*, 1884, et par le *Bulletin du Ministère de l'Agriculture*, 1887.

[4] Le voyage d'études de M. A. Cligny vient de paraître sous le titre : *Élevage de Salmonides en Allemagne*, dans le *Bulletin de la Société centrale d'Aquiculture et de Pêche*, nov. 1906, extr. 19 pages.

La mission dont vous avez bien voulu nous charger, par un arrêté en date du 16 juillet 1906, avait un caractère un peu spécial. Elle comportait d'abord, il est vrai, la visite et l'étude comparative des Jardins zoologiques; mais, étant donné les circonstances dans lesquelles nous fûmes chargé de cette mission, nous devions encore apporter la plus grande attention à tous les autres établissements, publics ou privés, où l'on élevait des animaux sauvages en vue des études d'acclimatation, de zoologie générale et de biologie animale. C'est ainsi que nous avons été amené à parcourir l'Angleterre, l'Écosse, l'île de Man, l'Irlande, la Belgique et les Pays-Bas, recevant partout le meilleur accueil, non seulement de la part des savants dont nous visitions les laboratoires ou les champs d'expériences, mais encore de la part des présidents ou secrétaires de sociétés, des directeurs ou surintendants des Jardins zoologiques et des grands propriétaires qui nous ouvraient leurs parcs. Vous voudrez bien permettre, Monsieur le Ministre, que nous adressions à tous, ici, l'expression de notre vive gratitude.

Nous diviserons notre rapport de la façon suivante :

I. — ANGLETERRE ET ÉCOSSE.

  A. Établissements publics :

    1° Jardin zoologique de Londres.
    2° Jardin zoologique de Bristol.
    3° Jardin zoologique de Manchester.
    4° Autres Jardins zoologiques et aquariums d'Angleterre.

  B. Ménageries privées et Parcs de réserve d'animaux sauvages.
  C. Fermes d'élevages de papillons.
  D. Stations de zoologie et de biologie expérimentale.

II. — ÎLE DE MAN.

La station biologique de Port-Erin et les animaux sans queue de l'île de Man.

III. — IRLANDE.

    1° Le Jardin zoologique de Dublin.
    2° Les parcs privés d'Irlande.

IV. — BELGIQUE.

    1° Le Jardin zoologique d'Anvers.
    2° Établissements privés.

V. — **Pays-Bas.**

    1° Le Jardin zoologique de Rotterdam.
    2° Le Jardin zoologique de la Haye.
    3° Le Jardin zoologique d'Amsterdam.
    4° Les parcs privés et les stations de biologie expérimentale.

VI. — **Résumé.**

Vous trouverez dans notre rapport une étude, à peu près complète, des différents établissements que nous avons visités, en même temps que les noms des espèces animales rares ou particulièrement intéressantes que nous avons eu l'occasion de voir. Certaines descriptions pourront vous paraître parfois un peu trop minutieuses; mais vous penserez sans doute avec nous que, dans une pareille question, l'on ne saurait être trop documenté car tel détail, qui semble inutile aujourd'hui, peut trouver demain son application.

Quant aux noms scientifiques des animaux que nous citons dans notre rapport, nous nous sommes contenté de reproduire les indications trouvées dans les Jardins. Nous savons que plusieurs de ces diagnoses devraient être rajeunies ou peut-être même remplacées, mais nous n'avions pas à faire ici œuvre de critique scientifique.

I

ANGLETERRE ET ÉCOSSE

A. ÉTABLISSEMENTS PUBLICS.

1° Jardin zoologique de Londres.

Le Jardin zoologique de Londres appartient à *The Zoological Society of London*, fondée en 1826, dans le but de « faire avancer la zoologie et d'introduire, en Angleterre, des animaux nouveaux et curieux ». Cette Société répond à ce double objet, d'abord en entretenant le Jardin que nous allons décrire, puis encore en publiant des *Proceedings* (deux volumes par an), des *Transactions* (id.), le *Zoological Record*, un *Garden Guide* et des cartes postales illustrées des animaux du Jardin; ensuite en offrant à ses membres une riche bibliothèque scientifique; enfin en tenant des réunions mensuelles où les fellows, les membres correspondants et même des personnes étrangères, peuvent faire des communications. Cès communications sont soumises à un comité de publication qui fonctionne ici sérieusement; ainsi sur 132 qui ont été faites en 1905, 86 seulement furent publiées, *in extenso* : 84 dans les *Proceedings*, 2 dans les *Transactions*; les autres furent annoncées seulement par leurs titres ou par un simple résumé.

La Société zoologique de Londres comprend actuellement 3,702 membres actifs, 200 membres correspondants et 25 membres étrangers. Elle est administrée par un Conseil de 21 membres élu annuellement, dont : un président (le duc de Bedford en 1906), six vice-présidents, un secrétaire et un trésorier. Le secrétaire, actuellement le docteur P. Chalmers Mitchell F. R. S., est chargé du pouvoir exécutif.

Ce comité se réunit régulièrement tous les quinze jours, de janvier à fin juin et seulement une fois par mois, pendant les vacances; il publie chaque année un *Report* pour la séance générale qui réunit tous les membres de la Société.

Les recettes totales de la Société se montaient, en 1905, à 30,421 £. 6 sh. 9 d. Dans le détail de ces recettes, nous relevons seulement les points suivants :

	l.	sh.	d.
Entrées payantes aux portes du jardin......	17,469	6	4
Promenades à éléphants et à chameaux.....	470	19	8
Vente d'animaux vivants.................	428	11	8
Vente du Guide et des cartes postales.......	894	14	3
Revenu du restaurant...................	1,000	0	0
Revenu des lavatories..................	72	8	1

Le Jardin zoologique est administré, sous la direction effective du secrétaire, par un personnel scientifique comprenant : un surintendant, M. R. J. Pocock; un prosecteur, M. F. E. Beddard F. R. S., chargé spécialement de la direction du Laboratoire d'anatomie comparée (*Prosectorium*) annexé au Jardin; un pathologiste M. C. G. Seligmann, attaché également au Prosectorium.

Le personnel non scientifique du Jardin comprend : un assistant surintendant, un préparateur pour le Prosectorium, un jardinier-chef, un gardien-chef, un maître-ouvrier, un garde-magasin, un garçon de laboratoire pour le Prosectorium, 58 employés pour le service des animaux, 30 employés pour l'entretien des bâtiments, 15 employés pour le jardinage.

Les dépenses particulières du Jardin se sont montées, en 1905, au total de 22435 £ 15 sh. 8d.; elles ont porté sur les principaux chapitres suivants :

	l.	sh.	d.
Taxes, rentes, etc....	1,485	9	14
Salaires	4,356	8	10
Pensions.	260	0	0
Vivres (inclus gages du garde-magasin).....	3,608	6	2
Achat et transport des nouveaux animaux...	1,124	11	6
Dépenses de la ménagerie....	1,980	2	10
Dépenses du prosectorium	863	4	6
Travaux ordinaires du jardin....	3,901	1	11
Dépenses des jardiniers....	1,280	4	0
Dépenses des maisons et bureaux....	322	13	1

Quelques-uns de ces chapitres sont particulièrement intéressants à détailler :

A. Salaires et Pensions.

Traitement du surintendant (logement, eau, éclairage, chauffage et frais de déplacement variables)......	500 £
Traitement du prosecteur (non logé).....	400
Traitement du pathologiste (non logé) [ici traitement de début]....	100
Traitement de l'assistant surintendant (logé).......	200
Traitement du jardinier-chef (logé)......	124
Traitement du gardien-chef (logé):....	102
Traitement du maître-ouvrier (non logé)....	144
Traitement du garde-magasin ou *store-keeper*, chargé de recevoir et de vérifier les fournitures apportées au jardin, de préparer et de distribuer aux gardiens l'alimentation journalière des animaux....	96

La plupart des autres employés du Jardin sont engagés et payés à la semaine; quelques simples gardiens constituent pourtant encore un personnel fixe, payé à l'année suivant trois classes. Ainsi il y avait en 1905 :

5 gardiens de 3ᵉ classe à...	66 £
5 — 2ᵉ — à...	72
9 — 1ʳᵉ — à...	78

Le passage d'une de ces classes dans la classe immédiatement supérieure se fait régulièrement : il faut dix ans de service pour passer de la troisième dans la seconde et cinq ans seulement pour passer de la deuxième dans la première. Ces employés ont droit, en plus, aux services gratuits du médecin, et, vers l'âge de 60 ans, ils peuvent obtenir une retraite de £ 52 par an; en 1905, la Société faisait ainsi cinq pensions de retraite.

— 10 —

B. ÉTAT DES VIVRES.

1er TABLEAU : COÛT TOTAL DES DIFFÉRENTES SORTES DE VIVRES.

	l.	sh.	d.
Chevaux	239	9	0
Chèvres	145	15	4
Poissons vivants	130	18	3
Reptiles et insectes	97	14	8
Fruits	212	13	6
Végétaux	121	13	8
Poisson conservé	344	16	11
Œufs	86	5	6
Lait	105	18	2
Pain	74	15	6
Biscuit	163	18	0
Blé	275	19	3
Avoine	88	9	0
Maïs	78	19	0
Foin	431	16	0
Luzerne	55	16	3
Noix	36	15	9
Divers	66	7	10
TOTAL	3,518	10	9

2e TABLEAU : NATURE ET QUANTITÉ DES PRINCIPAUX ALIMENTS DONNÉS AU JARDIN.

Chevaux	225		Œufs	28,710
Chèvres	263		Sucre	518 pounds.
Têtes de volailles	26,664		Liebig	50 jars.
Harengs frais	1,900 pounds (1)		Raisins secs	223 pounds.
Plies	18,138 id.		Groseilles	193 id.
Merlans	27,960 id.		Figues	159 id.
Crevettes	2,353 pintes.		Carottes	99 hundredw.
Tourteaux	47 hundred-weight (2)		Pommes de terre	89,5 id.
Pain	5,694 quarterns (3)		Bananes	32,136
Lait frais	13,587 pintes.		Cresson	13,104 bottes.
Lait conservé	539 boîtes.		Raisin frais	2,025 pounds.
Biscuit	302 hundredw.		Dattes	1,454 id.
			Oranges	6,816
			Citrons	945

(1) 1 pound = 453 gr.

(2) 1 hundredw. = 112 pounds.

(3) 1 quartern = 3 pounds 1/2.

C. Dépenses de la ménagerie.

	l.	sh.	d.
Coke	372	10	8
Paille	260	15	5
Eaux	389		
Uniformes des gardiens	489		
Nouvelles cages et sièges	128	4	4
Sable et sciure de bois	124	6	6
Soins médicaux	57	15	0
Autres dépenses	448	16	7

D. Dépenses du prosectorium.

	l.	sh.	d.
Salaires	633	10	0
Installations et frais de laboratoire	191	0	2
Dépenses diverses	38		

E. Dépenses du jardinage.

	l.	sh.	d.
Pour les fleurs et les plates-bandes	139	15	6
Pour le gazon	66	3	11

Le Jardin zoologique de Londres, situé dans une dépendance de *Regent's Park*, occupe une surface de 31 acres, pour laquelle la société paye une rente annuelle à la Couronne. Il est ouvert au public tous les jours, de 9 heures du matin jusqu'à une demi-heure après le coucher du soleil ; les dimanches et jours de fête, il n'est seulement aux sociétaires et aux personnes munies de tickets spéciaux.

Il est divisé, par un canal (*Regent's Canal*) et par une route publique (*Outer circle*), en trois parties : le Jardin du nord, le Jardin du centre et le Jardin du sud réunis l'un à l'autre par deux ponts et un tunnel. Ces trois Jardins renfermaient, au 31 décembre 1905, 2,913 animaux vertébrés :

Mammifères	689
Oiseaux	1,554
Reptiles et Amphibiens	560
Poissons	110
Invertébrés	(nombre variable)

Sur ce nombre, 860 provenaient de dons, 286 d'achats, 286 de naissances, 1,097 de dépôts et 202 d'échanges.

Le nombre d'animaux morts au Jardin, en 1905, fut de 514, dont 296 mammifères et 218 oiseaux.

Les animaux sont distribués de la façon la plus irrégulière, comme dans tous les Jardins semblables du reste. Cela tient sans doute à des nécessités d'ordre particulier, mais comme notre rapport doit considérer exclusivement la richesse zoologique de ces Jardins et surtout les conditions d'existence dans lesquelles les animaux y sont placés, nous suivrons, pour notre étude, l'ordre normal de la classification zoologique.

I. MAMMIFÈRES. — Le Jardin renferme une belle collection de Singes et de Lémuriens entretenue de façon à présenter des exemplaires de tous les grands groupes naturels. C'est ainsi que nous y avons trouvé :

a. Parmi les Singes de l'Ancien Monde : des Orangs-Outangs; des Chimpanzés; des Gibbons; des Babouins (*Papio hamadryas, doguera, porcarius, anubis, sphinx, maïmon*); des Macaques (*Macacus innuus, rhesus, sinicus, cynomolgus, silenus, speciosus*); des Cercopithèques (*Cercopithecus lalandii, mona, diana*); le *Cynopithecus niger* des Célèbes; le *Cercocebus collaris* de l'Ouest-Africain.

b. Parmi les Singes du Nouveau Monde : des Sapajous ou Capucins (*Cebus*); des Singes écureuils (*Saïmiris*); des Singes araignées (*Alouata*); des Singes hurleurs (*Ateles*); des Callithrix; des Aotus, des Ouistitis, etc.

c. Parmi les Lémuriens et Lémuroïdes : des *Lemur varius, macaco, catta*; des *Hapalemur griseus*; des *Nycticebus tardigradus*; des *Loris gracilis*; des *Perodicticus potto*; des *Chirogaleus, Galago,* etc.

Tous ces animaux sont placés, au Jardin, dans trois constructions répondant à trois buts distincts :

1° *The out-door Monkeys' Cages* forment un petit groupe de bâtiments qui avaient d'abord été construits pour des Oiseaux du groupe des Corbeaux et qui ont été aménagés, depuis, pour y placer les Babouins et quelques Macaques, Singes qui peuvent parfaitement vivre en plein air; on ne chauffe pas ces cages pendant l'hiver. Il est à noter qu'un couple de Singes japonais (*Macacus speciosus*) placé ici, en 1905, a donné naissance, l'année suivante, à un petit que la mère a très bien élevé.

2° *The Monkey-house* est une grande construction couverte en verre, avec de nombreuses fenêtres latérales s'ouvrant sur des plates-bandes fleuries. Cette maison contient, sur ses côtés, de petites cages séparées pour les espèces qui ne peuvent vivre en paix avec leurs voisins et, au centre, une série de grandes cages communes. C'est là, dans cette maison, que se trouvent rassemblés la plus grande partie des Singes. (Fig. 1. Vue extérieure de la maison des Singes.)

3° *The new Ape-house* a été construite récemment pour y placer les Anthropoïdes; son prix de revient s'est élevé à £ 4,000. Elle renferme quatre vastes cages nues, séparées entièrement par de grandes glaces du large couloir où circulent les visiteurs. C'est là une disposition qui a été conçue pour préserver les Singes de la contagion du public, pour empêcher qu'on les gave de pain ou autres nourritures et enfin pour permettre d'établir, dans les cages, une température constante; nous la considérons malgré tout comme moins bonne et nous croyons qu'elle pourrait être avantageusement remplacée par une autre manière de faire meilleure, comme le pense également, du reste, le secrétaire du Conseil actuel. Quand nous avons visité cette maison, elle renfermait 6 jeunes Chimpanzés et 3 Orangs-Outangs. On trouvait, de plus, dans 4 petites cages extérieures, où les Singes vivaient à l'air libre jusqu'au soir, un jeune Chimpanzé et 3 Gibbons : *Hylobates agilis* de Sumatra, *H. hainanus* de l'île Hainan, *H. bar* de Perak. (Fig. 2. Nouvelle maison des Singes. Vue intérieure prise du hall des visiteurs.)

Les Lémuriens sont placés, pour la plupart, dans une maison commune avec les Édentés. Ils y vivent bien et il n'est pas rare de les voir s'y reproduire; nous y avons même noté la présence de deux hybrides provenant du croisement de *Lemur xanthomystax* et de *L. rufifrons*.

Les Cheiroptères sont mal représentés au Jardin. C'est à peine si nous avons pu y découvrir quelques rares Chauves-Souris et une Roussette.

Les Carnivores, par contre, occupent 11 constructions distinctes.

1° C'est d'abord *the Lion-house* qui fut construite en 1876 pour le prix de £ 11,000. Le corps principal de cette maison, en briques rouges, a une longueur de 70 mètres sur une largeur de 21 mètres; il renferme un large corridor de promenade qui s'ouvre du côté sud par de larges fenêtres et présente, du côté nord, 14 grandes cages dont chacune est en communication avec deux compartiments internes; ces derniers sont de vastes tanières obscures qui devraient être supprimées, de manière à laisser libre l'accès aux cages extérieures [1]. Derrière ces tanières se trouvent d'abord une longue galerie de service, puis, faisant saillie à l'extérieur, quatre vastes cages grillagées dans lesquelles les animaux peuvent venir se promener à l'air libre (fig. 3, cage à air libre). Cette maison renfermait, en août 1906 : 5 Tigres, 14 Lions, 3 Jaguars et 1 Léopard; il faut ajouter, à cette collection, un Léopard, une Tigresse et ses deux petits, placés dans la collection spéciale du Prince de Galles.

2° Un Puma et un Lynx se trouvaient dans une grande cage double (*the Mammals' out-door cages*) contenant des rochers et des troncs d'arbres, construite, en 1904, pour les Félins particulièrement résistants aux intempéries.

3° Les petits Félins sont placés dans une maison distincte (*the small Mammals' house*) construite en 1904 et à laquelle sont annexées, en arrière, des salles de chauffage, des magasins pour la nourriture et des chambres pour les gardiens. La construction principale, longue de 22 mètres sur 10 m. 64 de large, est traversée, dans toute son étendue, par un passage central, à droite et à gauche duquel sont placées les cages; celles du côté interne renferment les espèces considérées comme les plus délicates : Kinkajou, Coati, Civette, Genette, Manoul, Ocelot, etc.; celles du côté

[1] Une communication récente du secrétaire du Conseil nous apprend que l'on installe actuellement, au-dessus de la galerie de service, un certain nombre de ponts qui permettront aux animaux de se rendre librement dans les cages extérieures.

Fig. 1. — LONDRES. Maison des Singes.

Fig. 2. — LONDRES. Vue prise de l'intérieur de la maison des Anthropoïdes.

Fig. 3. — LONDRES. Cage à air libre de la maison des Lions.

BIBLIOTHÈQUE (SCIENTIFIQUE) DE LA VILLE

. LEROUX, *Edit.*

externe communiquent chacune avec des cages à air libre, couvertes en verre, de sorte que les animaux (Protèles, Arctictis, Caracal, Serval, Servaline, etc.) peuvent librement se retirer dans les parties chauffées l'hiver ou bien venir se promener à l'air libre.

4° Les Hyènes, au nombre de 8 et les Ours, au nombre de 26, sont placés dans une double rangée de cages situées sous la terrasse centrale du jardin (*the Hyænas' and Bears' Dens*). Ce sont de vieilles constructions, un peu comparables à la maison des fauves du Jardin des plantes de Paris et qui seront, sans doute, remplacées par des cages plus spacieuses. Nous avons remarqué deux hybrides d'Ours polaire et d'Ours brun; l'un est 3/4 polaire et 1/4 brun, l'autre est moitié polaire et moitié brun.

5° à 7° Des Blaireaux, des Gloutons et autres Carnassiers voisins sont placés dans trois maisons distinctes qui ne présentent rien de particulier : *the Wolves' and Foxes' Dens, the Foxes' and Jackals' Enclosures.*

8° à 11° De nombreux autres petits Carnassiers se trouvaient dans *the Civets' house* et dans *the Squirrels' house*, cette dernière réservée plus spécialement toutefois à loger des Rongeurs. Des Loutres vivaient dans un bel et grand étang construit en 1906 et contenant des îlots de rochers dans lesquels ont été ménagés des terriers (*the Otters' Pond*). Enfin de curieux petits animaux voisins des Ichneumons et des Mangoustes, appartenant aux genres Suricata et Cynictis, sont placés dans de larges cages couvertes en verre, construites spécialement pour eux, en 1904 (*the Meerkats' Cages*).

En ce qui concerne l'alimentation journalière des Carnassiers, nous avons noté les quantités d'aliments suivantes : Lion et Tigre, 4 kilogr. 500 environ de viande sans os ; Léopard, 2 kilogr. 400 ; Ocelot, 450 grammes et deux têtes de poulet ; Loup, 1 kilogr. 200 de viande cuite ou crue.

Les Pinnipèdes sont représentés au Jardin par des Otaries et par des Phoques qui vivent, en commun, dans un très bel et très grand enclos, construit en 1905 (*the Sea-lions' Pond*). Cet enclos renferme, dans sa plus grande partie, un vaste étang profond de 1 m. 80 sous la plate-forme de plonge et entouré de plages gazonnées ou rocailleuses; au milieu de cet étang s'élèvent trois petits îlots et, à son extrémité ouest, se dresse une grande construction de rochers artificiels sous lesquels ont été ménagées des cavernes où les animaux vont dormir. On donne à ceux-ci, de 4 à 5 kilogrammes de poisson frais par jour. En leur compagnie et donnant un peu d'animation au paysage, vivent une douzaine de Pingouins qui se sont reproduits ici, cette année même.

Les Rongeurs sont disséminés dans diverses parties du Jardin. Les Coypu, les Agouti, les Capybara et les Porcs-Épics des arbres sont placés dans *the Rodents' house*. Les Écureuils d'Europe et d'Amérique vivent en colonies, en compagnie de Faisans, dans un enclos herbeux contenant des arbres et un petit étang. Des Rongeurs exotiques : Gerboises, Chinchilla, etc., se trouvent dans *the Squirrels' house*. Enfin des Castors d'Europe et d'Amérique sortent chaque soir de leur terrier (*the Beaver Pond*) pour venir manger le pain et les légumes qu'on leur donne. Le Jardin possède encore, dans une autre partie, des Souris à queue grasse du désert (*Pachyuromys duprei*) qui se reproduisent ici, de même que des Souris épineuses du Caire (*Acomys cahirinus*). Un Hyrax vit dans le parc aux Écureuils.

Les Proboscidiens sont représentés au Jardin par 4 Éléphants des Indes et par un Éléphant d'Afrique. Leur maison se compose d'un large couloir public sur lequel s'ouvrent 8 grandes étables ; au dehors se trouvent deux grands paddocks avec de profonds bassins. Dans la même maison se trouvent un Rhinocéros de l'Inde à 2 cornes, un énorme Rhinocéros de l'Inde à une corne et un très jeune Rhinocéros d'Afrique ; un autre jeune Rhinocéros unicorne de l'Inde est dans la collection du Prince de Galles.

On donne par jour, aux Éléphants, 43 kilogrammes de foin et 9 litres de son ; pendant l'hiver on ajoute quelques racines et pendant l'été une partie du foin est remplacée par de l'herbe fraîche. Chaque Rhinocéros adulte reçoit par jour 37 kilogr. 500 de trèfle remplacé en partie par de l'herbe fraîche en été, et par des racines en hiver.

La maison des Tapirs, chauffée pendant l'hiver, comprenant un paddock et une étable intérieure pourvue d'un large bassin, renferme les deux espèces de l'Inde et du Brésil. Dans le voisinage

se trouve une très belle série représentative de toutes les espèces
de Zèbres actuellement vivantes : *Equus zebra, E. burchellii, E.
chapmani, E. granti, E. grevyi;* diverses espèces d'Ânes sauvages,
un Cheval de Przevalski et un curieux hybride de Zèbre de
Burchell et de Jument obtenu au Transvaal en 1902.

Les Porcins, tels que les Potamochères, les Phacochères, les
Babirussa, les Pécari, etc., sont placés dans un bâtiment qui sera
sans doute remplacé bientôt par une maison mieux appropriée
aux besoins de ces intéressants animaux. La femelle d'Hippopotame, qui est exhibée ici, naquit en 1872 au Jardin; elle est
placée dans une étable chauffée qui communique avec un bassin
intérieur profond de près de 3 mètres et avec un paddock extérieur
renfermant un autre bassin plus profond encore. On lui donne,
par jour, 25 kilogrammes de foin remplacés également en partie
par de l'herbe fraîche en été et par des racines en hiver.

Les Ruminants, déjà très nombreux au Jardin, se sont aug-
mentés récemment d'une dizaine d'individus rapportés par le
Prince de Galles de son voyage aux Indes.

Les Girafes, animaux très délicats et qui demandent des soins
particuliers, sont représentées par une femelle de *Giraffa camelopar-
dalis* importée du sud-est de l'Afrique et par un jeune couple
de *G. c. Antiquorum* provenant du Soudan égyptien. Ces animaux
sont placés dans trois grandes stalles, au sol couvert de sable
fin, sans litière (sauf pour le coucher), chauffées pendant l'hiver à
10° centigrades et communiquant avec de grands enclos qui leur
sont ouverts seulement l'été.

Les Chameaux et les Dromadaires sont placés dans une jolie
petite construction en forme de chapelle, contenant des étables
intérieures qui communiquent elles-mêmes avec deux enclos extérieurs. On leur donne, par jour, 54 litres de blé mélangé à de la
menue paille.

Les Lamas, les Guanacos, les Vigognes et les Alpacas sont placés
également dans une élégante maison couverte en verre, et dont
les étables communiquent aussi avec des enclos. Ces animaux se

reproduisent facilement ici ; ils sont utilisés, comme les Éléphants et les Chameaux, pour promener les enfants dans les allées du Jardin.

Les Cervidés, particulièrement bien représentés ici, se trouvent dans trois constructions distinctes. La plus importante de ces maisons abrite en même temps les Bovidés (*the Deer and Cattle' house and paddock*). Commencée cette année même et non encore entièrement terminée, elle se compose de séries d'étables, couvertes en verre, au milieu desquelles a été aménagé un double chemin public et qui communiquent, en dehors, avec de grands enclos. Nous y avons trouvé là, pour ce qui concerne seulement le genre Cervus : *Cervus canadensis*, *bactrianus*, *asiaticus*, *xanthopygus*, *maral*, *elaphus*, *unicolor* et *davaucelii*. Un Cerf de la taille d'un Wapiti reçoit, par jour, 18 litres de blé mélangé avec du son et de la menue paille, plus 6 kilogrammes de trèfle.

Les petites espèces de Cervidés, tels que le *Cervus eldii* du Siam et *Cervus axis* des Indes sont placées en compagnie des Capridés. Les Sika du Japon se reproduisent régulièrement chaque année ; ils occupent, le long du canal, un grand enclos en pente rapide, sans aucun abri couvert pour l'hiver. Nous y avons remarqué également un hybride de *Cervus sika* et de *C. tœvanus*.

Les plus grandes espèces de Gazelles et d'Antilopes se trouvent dans une construction en forme de *L* comprenant un passage intérieur et un certain nombre d'étables, chauffées pendant l'hiver, qui communiquent du côté sud avec un vaste enclos. On trouve là une très belle collection d'Antilopes représentée par des Bubalines, des Céphalophines, Oreotragines, Cervicaprines, Antilopines, Hippotragines, Tragelaphines ; on y voit aussi des Oryx, des Élans, etc.

Les Bovidés, placés dans la maison dont nous avons parlé plus haut, sont représentés, en particulier, par des Bœufs sauvages d'Angleterre, par des Bisons, des Bubales et des Yaks.

Les Ovidés comprennent des Moutons sauvages de l'Himalaya, des Moutons sauvages de Barbarie (*Ammotragus*) et enfin des Mouflons de Corse et de Sardaigne.

Les Capridés sont représentés par des Chèvres sauvages de l'Himalaya (*Hemitragus jemlaïcus*) qui se reproduisent facilement dans leur maison, par une très belle chèvre des Montagnes Rocheuses (*Oreamnos montanus*) qui est probablement la seule représentante de son espèce vivant actuellement en Europe, par le Goral ou Chèvre Antilope (*Nemorhœdus goral*), par le Markhar de l'Inde (*Capra megaceros*).

Les Édentés sont placés dans *the Sloth and Ant-eaters' house* où nous avons trouvé le grand Fourmilier Tamanoir, des Tatous et des Pangolins.

Les Marsupiaux sont représentés, au Jardin, par plusieurs espèces de Kangouroos, par des Thylacines, des Wombats, des Dasyures; ces animaux vivent dans de petites étables communiquant avec des cours couvertes en verre auxquelles fut ajouté, en 1904, un grand enclos. On trouve, d'autre part, dans la maison des Rongeurs, des Phalangers (*Trichosurus vulpecula*) et des Sarcophiles (*Sarcophilus satanicus*).

Les Monotrèmes sont généralement représentés par des Échidnés dont le dernier, qui était au Jardin depuis trois ans, était mort cette année; nous avons pu voir et photographier son successeur le jour même de son arrivée.

II. Oiseaux. — Les Passereaux sont représentés au Jardin par un grand nombre d'espèces tropicales qui sont réparties dans 4 volières.

1° *The western Aviary* est une grande volière de 57 mètres de long qui date de 1851, mais qui fut reconstruite en 1903. Elle se compose de 15 compartiments distincts et d'une grande volière centrale; chaque compartiment comprend lui-même une retraite couverte en verre, pouvant être fermée et chauffée pendant l'hiver; en avant de celle-ci se trouve un petit jardinet dont une moitié, sablée, renferme un bassin circulaire et dont l'autre moitié, gazonnée, porte trois ou quatre arbustes d'essences variées.

C'est dans cette volière que nous avons pu admirer les espèces les plus rares et les plus curieuses : l'Oiseau satin (*Ptilonorhynchus violaceus* Vieil.) que nous avons vu occupé à construire son berceau de plaisance, des Touracous, des Artamides, des Toucans, des Plocéides, des Tisserans à longue queue, des Cardinaux, des Tanagra, etc.

2° *The eastern Aviary* forme une longue rangée de volières qui furent restaurées l'année dernière et qui, aujourd'hui, peuvent être chauffées par un système à l'eau chaude bien compris. Ces volières servent de résidence permanente à un grand nombre d'Oiseaux des tropiques et de retraite d'hiver pour certains habitants d'autres cages. Nous y avons vu : des Psophia, des Crax, des Bucorvus, des Spagolobus, des Toccus, etc.

3° Les Paradisiers et les Oiseaux-Mouches n'étaient représentés alors que par *Paradisea apoda,* par *P. minor* et par *Cicinnurus regius* que l'on trouvait dans *the Insect-house.* D'autre part la maison des Perroquets logeait des Oiseaux du sucre (*Cœreba cyanea*) en compagnie de nombreux autres Oiseaux des îles. Mais grâce à la générosité de M. C. Czarnikow, la Société zoologique a commencé cette année la construction d'une nouvelle volière dont nous donnons les plans et qui sera consacrée exclusivement à loger toutes ces espèces d'Oiseaux particulièrement délicates.

Fig. 5 et 6. — Nouvelle volière. — Élévation des façades antérieure et postérieure.

Fig. 7. — *Idem.* — Plan général. — 1. Entrée de l'air frais. — 2. Escalier qui descend à la chambre de chauffe. — 3. Sortie de l'air. — 4. Entrée de l'air chaud. — A. B. Section transversale représentée fig. 8.

Les lignes pointillées représentent les canalisations à air chaud, placées au-dessous des planchers des cages intérieures. Ce plancher est en ciment ; celui du hall de visite est en granolithe.

Fig. 8. — *Idem.* — Élévation de la section AB de la figure précédente.

Fig. 9. — *Idem.* — Élévation de l'extrémité ouest et plan du sous-sol. — 1. Passage pour l'air frais. — 2. Chambre obscure. — 3. Air froid. — 4, 4, 4, 4. Vitrages.

4° Les Passereaux indigènes, mal représentés au Jardin, sont disséminés en différents endroits. On trouve en particulier des Martins-Pêcheurs et des Hirondelles dans une volière dont nous reparlerons plus loin ; la volière de l'ouest renferme des Pinsons.

Fig. 4. — LONDRES. Talegalle et son nid.

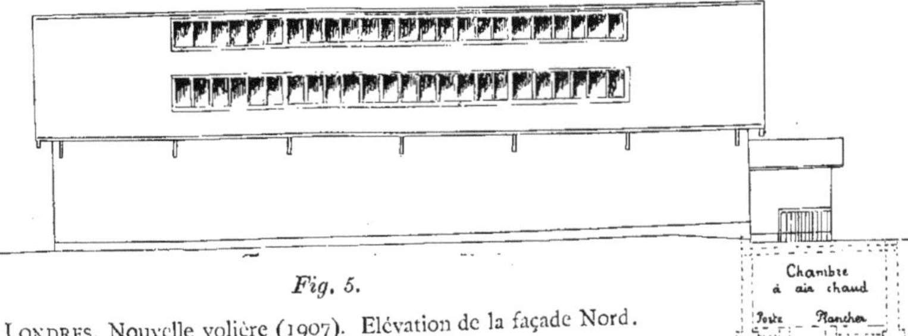

Fig. 5.

LONDRES. Nouvelle volière (1907). Elévation de la façade Nord.

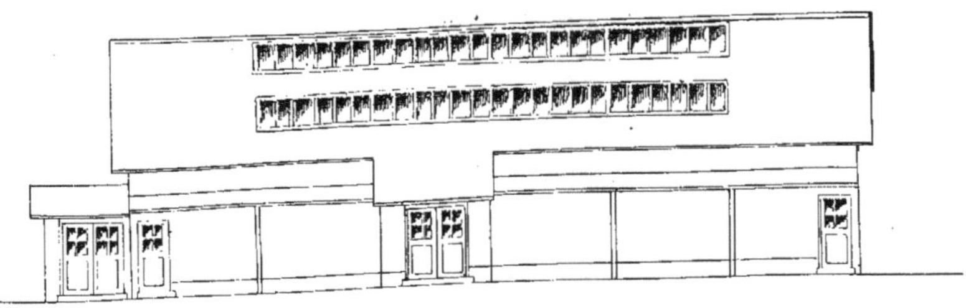

Fig. 6. — LONDRES. (1907) Nouvelle volière. Élévation de la façade sud.

BIBLIOTHÈQUE
(COMPIÈGNE)
DE LA VILLE

E. LEROUX, Edit.

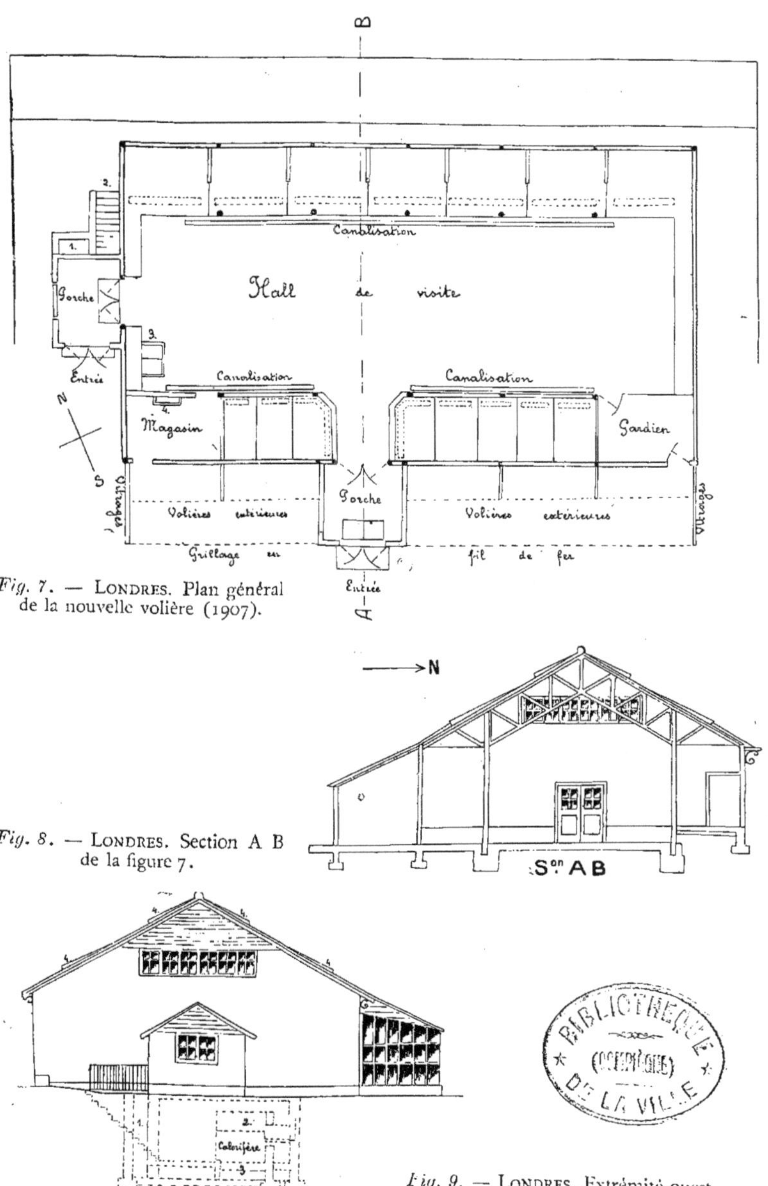

Fig. 7. — LONDRES. Plan général de la nouvelle volière (1907).

Fig. 8. — LONDRES. Section A B de la figure 7.

Fig. 9. — LONDRES. Extrémité ouest de la nouvelle volière (1907).

BIBLIOTHÈQUE (ZOOLOGIE) DE LA VILLE

Les Perroquets sont représentés par une très belle série d'espèces variées qui est, sans doute, la plus belle collection de ces Oiseaux existant dans les Jardins zoologiques. La maison qui leur a été spécialement consacrée a été reconstruite en 1905 ; elle comprend d'abord une pièce centrale, avec cages isolées et une série de grandes volières à fond de sable, en partie couvertes et en partie ouvertes, à l'air libre, dans lesquelles on trouve 8 espèces d'Aras, 8 espèces de Cacatois, 7 espèces de Conurus, 10 espèces de Chrysotis et de nombreux Perroquets proprement dits appartenant aux genres *Psittacus, Coracopsis, Pœocephalus, Caica, Palæornis, Polytelis, Ptistes, Aprosmictus, Platycercus, Melopsittacus, Cyanorhamphus*, etc.

Cette maison ne renferme pas, du reste, tous les perroquets que possède le Jardin. Depuis quelques années, l'expérience ayant été faite, ici, que nombre d'individus se portent mieux en plein air que dans des volières fermées, on conserve maintenant ces individus dans *the Canal-bank Aviary*. Ce bâtiment long de 25 mètres, large de 12 et haut de 10 à 12 mètres, est en contrebas, le long du canal ; le côté sud-est est protégé par une forte pente de terrain sur laquelle serpente un ruisseau d'eau courante sortant d'une grotte artificielle, les trois autres côtés le sont par des rideaux de grands arbres ; de plus, nombre d'abris pour le vent ou pour la pluie sont placés dans le haut de la volière, enfin des nids artificiels où plusieurs espèces nichent chaque année sont disséminés çà et là. Dans cette volière séjournent, hiver comme été, des Cacatois, des Callocéphales, des Licmetis, des Chrysotis, des Aras, des Neopsittacus, des Palæornis, des Platycercus, des Melopsittacus, des Cyanolyseus, des Eclectus, etc.

Les Rapaces sont placés dans cinq volières différentes :

1° Les grands Oiseaux de proie, tels que les Aigles et les Vautours, sont dans *the Vulturs' Aviary* formée de grandes cages en fer couvertes d'un demi-toit. La nourriture journalière de ces animaux se compose d'un gros Rat ou de 450 grammes de viande.

2° Les Condors et quelques autres Aigles sont placés dans *the Eagles' Aviary* comprenant quatre grandes volières à air libre, protégées également par un demi-toit du côté du nord.

3°-4° D'autres Oiseaux de proie, plus petits, tels que les Milans et les Faucons, sont répartis dans deux maisons distinctes.

5° Enfin les Rapaces nocturnes se trouvent dans une volière construite en 1905; cette volière comprend une série de cages qui renferment des perchoirs et des bassins et communiquent en arrière avec des hangars-abris où les Oiseaux peuvent se retirer. Et pourtant, contrairement à ce qu'on pourrait penser, les Hiboux passent la plus grande partie de leur vie à la lumière du jour, affectionnant même spécialement les endroits éclairés par le soleil.

Les Oiseaux aquatiques (Palmipèdes et Échassiers) sont disséminés dans le Jardin en 15 endroits différents, au moins. Certaines espèces d'Oies, de Cygnes, de Canards sont placées dans des endroits aménagés de telle façon que la plupart des Oiseaux qu'ils renferment s'y reproduisent régulièrement. Les Pélicans sont généralement représentés au Jardin par trois espèces différentes; les Pingouins ont été réunis, comme nous l'avons dit, avec les Phoques, leurs associés naturels; d'autres Oiseaux plongeurs, des Cormorans et des Martins-Pêcheurs, sont placés dans une maison spécialement construite pour exposer au public la faculté que possèdent ces Oiseaux de poursuivre leur proie vivante dans l'eau (*the diving Birds' house*). Un certain nombre de Palmipèdes et de petits Échassiers vivent ensemble dans une des meilleures volières du Jardin (*the Waders' Aviary*) dont le sol est à moitié couvert de buissons et de touffes de roseaux alors que l'autre partie renferme un petit lac aux berges formées de sable, de gravier ou de vase.

Cependant la plus grande partie des Échassiers se trouve dans deux grandes volières appelées : *the southern Aviary* et *the Great Aviary*. La première, qui date de 1905, renferme une construction rocailleuse disposée de façon à offrir des abris aux Oiseaux et à leur permettre de couver. La seconde, refaite en 1903, contient nombre de buissons et d'arbres qui procurent des conditions presque naturelles aux Oiseaux qui s'y trouvent. C'est ainsi qu'on y voit se reproduire régulièrement, chaque année : des *Chauna chavaria* et *cristata*, des *Crax carunculata* et des Ibis blancs (*Eudocinus albus*). Nous y avons trouvé, lors de notre visite, un Crax femelle couvant ses œufs dans le creux d'un arbre et un couple de *Chauna cris-*

Fig. 10. — LONDRES. Couple de *Chauna cristata.*

Fig. 11. — LONDRES. Installation pour Batraciens.

E. LEROUX, *Edit.*

tata (fig. 10) élevant deux jeunes âgés de trois semaines et dont le plumage contrastait si fortement avec celui des parents; un jour c'était le mâle qui conduisait les petits; le jour suivant c'était la femelle.

Les Gallinacés les plus intéressants du Jardin sont, sans contredit, les Talégalles qui vivent dans un grand enclos, couvert d'un grillage où ils nichent régulièrement chaque année (fig. 4, Talégalle et son nid). Les autres Gallinacés sont représentés par une belle collection de Phasianidés, qui se reproduisent en général, dans *the northern Pheasantry;* par des Outardes, des Râles, des Tinamous, des Touracous dans *the western Pheasantries;* par des Lophophores, des Argus, des Tragopans, etc., dans *the eastern Pheasantry.*

Les Colombins sont représentés par un grand nombre de Colombes et de Pigeons exotiques : *Leucosarcia picata, Calaenas nicobarica, Goura coronata,* etc., que l'on trouve dans la volière de l'ouest. D'autres Pigeons sont dans la faisanderie de l'est.

Les grands Oiseaux terrestres, les Coureurs, sont placés dans une maison construite de façon à présenter aux visiteurs deux couloirs centraux le long desquels se trouvent des espèces d'étables communiquant elles-mêmes avec des enclos extérieurs. Nous avons trouvé là des Autruches, des Nandous, des Emeus, des Casoars et des Apteryx.

III. Reptiles et Batraciens. — Ces animaux sont moins bien représentés au Jardin zoologique de Londres que les Mammifères et les Oiseaux.

Les Serpents, parmi lesquels de beaux Pythons et Boas, les Lézards et quelques Batraciens sont placés dans une maison dont la température est maintenue pendant toute l'année à 24° centigrades (fig. 11. Vue des installations pour Batraciens, dans la maison des Reptiles). Les Tortues vivent dans une maison voisine. Ces deux constructions ne présentent rien de bien particulier comme installation; elles sont couvertes en verre et contiennent des plantes de serre à profusion, ce qui leur donne un aspect des plus agréables. Notons enfin la présence de diverses espèces de Caméléons dans la maison des Insectes dont nous parlons plus loin.

IV. Poisssons. — Les Poissons sont encore moins nombreux que les Reptiles et les Batraciens, mais ils sont représentés par quelques formes très intéressantes au point de vue zoologique.

Dans la maison des Reptiles, par exemple, nous avons pu voir des Ceratodus et des Gymnotes; dans la maison des Tortues se trouvent des Anabas, des Polyptères et des Poissons-Chat; enfin, dans la maison des Oiseaux plongeurs vit le très curieux *Amia calva* en compagnie de quelques espèces indigènes : Saumons, Carpes, Tanches, Perches, Truites, Vairons.

V. Invertébrés. — Les Invertébrés ne sont représentés au Jardin de Londres que par des Crabes terrestres placés dans la maison des Reptiles, par quelques Insectes, par des Scorpions, des Myriapodes et de grosses Araignées tropicales que l'on trouve dans la maison des Insectes.

Cette maison, qui a été complètement restaurée en 1903, occupe une surface d'environ 60 mètres carrés. Son intérieur a l'aspect d'une serre au centre de laquelle se trouvent les volières contenant les Paradisiers dont nous avons parlé plus haut. Tout autour, contre les parois de la maison, sont placées des rangées de cases vitrées où nous avons vu des Orthoptères (*Pulchriphyllum gelonus*, insectes mimétiques des Seychelles, et *Dictyophorus spumans*, grandes et belles Locustes du Sud-Africain) et un certain nombre de Lépidoptères à l'état d'œufs, de cocons ou de Papillons : *Felea promethea*, *Attacus orizaba*, *Felea polyphemus*, *Samia cecropia*, *Attacus cynthia*, *Eacles imperialis*.

2° Jardin zoologique de Bristol.

Le Jardin zoologique de Bristol appartient à *The Bristol and West of England zoological Society*, société par actions fondée en 1835. Cette Société, dont le seul but est l'entretien de son Jardin zoologique, se composait, en 1905, de 695 membres parmi lesquels est recruté, par élection, un Conseil d'administration. Ce Conseil se compose d'un trésorier, chargé du pouvoir exécutif, (le Dr A. J. Harrison), d'un secrétaire (le major G. F. Rumsey) et de 24 membres qui se groupent en comités : de la ménagerie, des jardins, des fêtes et des finances. Le Conseil d'administration se réunit régulièrement tous les trois mois et publie, chaque année, un *Report* qui est discuté en séance générale.

Les recettes totales de la Société se montaient, en 1905, à £ 7,223. 9. 2. Dans le détail de ces recettes, nous relevons les chiffres suivants :

	l.	sh.	d.
Entrées et Fêtes	3,312	2	6
Souscriptions	727	13	0
Restaurant	1,735	17	8
Vente d'animaux vivants	28	4	0
Ventes du résidu des vivres (peaux, os, etc.)	54	3	4

Le Jardin est administré (sous la direction effective du trésorier) par un surintendant, le captain E. W. B. Villiers, ayant sous ses ordres 20 employés dont 1 gardien chef et 6 gardiens d'animaux. Les dépenses totales pour le Jardin ont été, en 1905, de £ 6,118, dont :

	l.	sh.	d.
Salaires et gages	1,023	4	0
Nourriture et litière des animaux	549	18	7
Achats d'animaux	70	10	0
Réparations	806	19	1
Dépenses du jardinage	388	14	10

Le Jardin zoologique de Bristol, le *Clifton-Zoo*, comme on l'appelle en Angleterre, est situé au pied du plateau de Clifton, au nord-ouest de la ville, dans une partie retirée et protégée qui occupe une surface de 12 acres. Il est ouvert tous les jours de la semaine de 9 heures du matin au coucher du soleil.

Après avoir fait quelques pas dans ce Jardin, l'on est frappé immédiatement par l'aspect de parc frais, coquet et très bien entretenu qu'il présente. C'est qu'en effet il combine, pour ainsi dire, les plus heureux effets des ménageries et des Jardins botaniques. L'on y rencontre des plates-bandes couvertes de géraniums, de fuchsias, de yuccas, d'agaves, de palmiers éventails, etc., des massifs

de rhododendrons de diverses espèces sélectionnées et un grand nombre de fougères dont l'ensemble forme certainement une des plus belles collections de l'Angleterre.

Au centre du Jardin, se trouvent de grandes pelouses où se promènent en liberté quelques couples d'Oiseaux, et un peu plus loin, vers le sud, un grand étang, aux îlots boisés, donne asile à un certain nombre d'Oiseaux aquatiques. Sur tout le pourtour, des massifs d'arbres indigènes ou exotiques encadrent heureusement des maisons d'animaux qui sont elles-mêmes couvertes parfois de lierre, de glycines ou de vignes vierges. Çà et là, des statues et des vases ornementaux viennent encore ajouter au charme du paysage. Enfin les arbres et les arbustes ont été choisis de telle façon que ce Jardin doit paraître, pendant l'hiver, presque aussi gai que nous l'avons vu au mois d'août. L'on y trouve, en effet: des pins, des cèdres, des araucarias, des sequoias, des chênes verts, à côté d'ailantes, de sumacs, de bouleaux, d'ormes, de hêtres, de noyers, de chênes, d'épines et principalement de houx dont nous avons pu compter vingt espèces ou variétés différentes. Ces variétés, qui diffèrent surtout les unes des autres par les colorations des feuilles ou des fruits, ont été produites dans le Jardin même, soit par le moyen de sélections déterminées, soit par la culture de déviations accidentelles produites et découvertes dans des plants sauvages ou cultivés.

Le *Clifton-Zoo* renfermait, quand nous l'avons visité, 107 Mammifères, à peu près autant d'Oiseaux et une douzaine de Reptiles.

Les grands Félins, représentés par 11 Lions, 3 Tigres, 1 Léopard et 2 Pumas, étaient placés dans deux grandes maisons, que l'on trouve immédiatement à gauche, en entrant par la porte du nord. La première de ces maisons, *the New-carnivora-house*, construite il y a cinq ou six ans, présente, en avant, toute une série de belles et grandes cages ouvertes, à l'air libre en haut et sur trois de leurs côtés. Ces cages, qui sont ornées de briques vernies colorées, communiquent librement avec les cages de l'intérieur de la maison; celle-ci est éclairée par le haut et ses murs recouverts également de briques vernissées et colorées ont un aspect de gaîté et de propreté que nous n'avons pas trouvé souvent ailleurs.

La seconde maison des grands Félins est la transformation (non encore terminée en août 1906) de la vieille maison des Lions qui datait des débuts du Jardin et dans laquelle on avait vu la Lionne

Fig. 12. — BRISTOL. Cages extérieures de la maison des Lions.

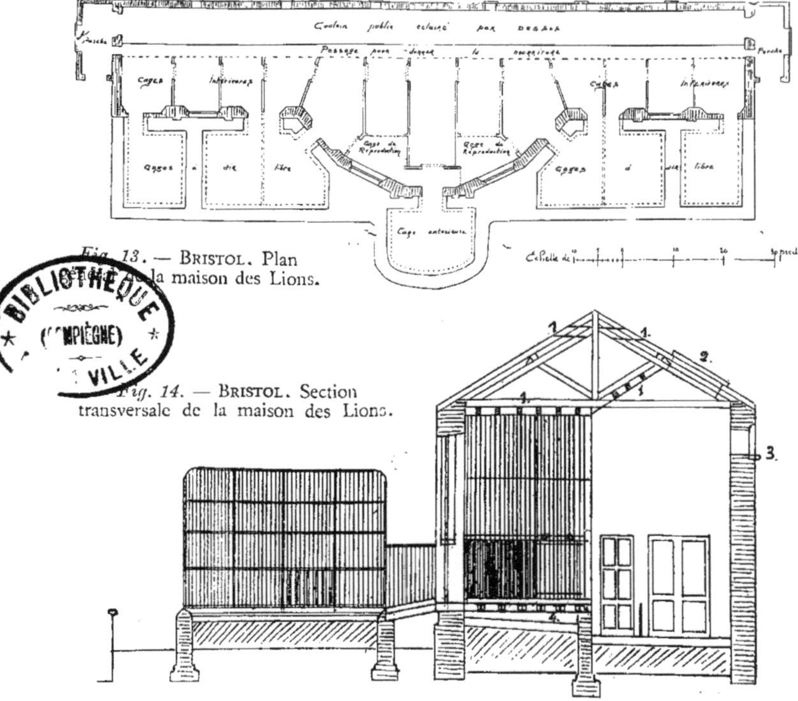

Fig. 13. — BRISTOL. Plan de la maison des Lions.

Fig. 14. — BRISTOL. Section transversale de la maison des Lions.

BIBLIOTHÈQUE (COMPIÈGNE) VILLE

Victoria donner naissance à 16 Lionceaux en six portées (1, 2, 3, 5, 3, 2 petits), la Lionne *Lady* à 4 (1, 1, 2 petits) et la Lionne *Flô* à 6. Malgré ces résultats et vu l'âge du bâtiment, le Conseil d'administration résolut pourtant, il y a deux ans, de la faire reconstruire ou plutôt de l'agrandir et de l'aménager d'après les mêmes données qui avaient servi à l'établissement de la maison précédente. Mais le Conseil demanda à l'architecte de conserver, en l'état ancien, la vieille façade que le temps avait tapissée de verdure. C'est sans doute à cette circonstance que l'on doit le plan dont les reproductions que nous donnons ici parleront mieux que toute description et qui nous paraît devoir être actuellement le modèle type des constructions de ce genre. (Fig. 12. — Maison des Lions. — Vue extérieure; fig 13, *id.*, plan général; fig. 14, *id.*, section transversale.)

La maison des Singes, située un peu plus loin et qui contenait quand nous l'avons visitée, une vingtaine d'individus, est construite également d'après le même principe qui permet aux animaux, en tout temps, le libre accès dans une grande cage extérieure où l'air peut circuler sur les quatre côtés. Cependant un jeune Chimpanzé mâle est relégué dans une cage vitrée située dans la maison des Perroquets et ce n'est que rarement qu'on le promène dans le Jardin.

Les volières ne nous ont présenté rien de bien particulier à noter. Un certain nombre d'Oiseaux vivent en liberté; par exemple, deux couples d'Oies d'Amérique (*Bernicla magellanica*) nichent tous les ans dans un des bosquets du Jardin. Nous avons noté également la présence de deux Hiboux du Bénin (*Bubo lacteus*), magnifiques et rares oiseaux qui viennent d'une des régions les plus chaudes de la terre et qui, pourtant, depuis six ans, vivent très bien ici, dans une petite cage non chauffée et exposée librement aux vents du sud-ouest.

La maison des Reptiles, située tout à côté de celle des Perroquets, renferme en particulier un couple de Boa constrictor, dont la femelle a mis au monde pour la première fois, en juillet 1898, 26 petits; depuis elle a donné trois portées, manifestant toujours la même viviparité, de 35, 31 et 50 petits. Un certain nombre de ceux-ci sont morts, le Jardin a vendu les autres et n'a conservé qu'une jeune femelle pour remplacer la mère qui est morte l'année dernière.

Nous ne ferons que citer : la grande et belle fosse aux Ours, au pied de laquelle se trouvent des Loups de Russie; la maison des Éléphants qui renferme une énorme femelle qu'un gardien promène journellement dans le Jardin, puis des Zèbres et des Chameaux; le bassin aux Otaries, le parc aux Autruches, les étables des Ruminants qui renferment également des Kangouroos et des Porcs-épics; les volières des Aigles, des Vautours et des Faisans; la maison des Perroquets qui renfermait également un Aptéryx; enfin un Musée dans lequel sont exposées les peaux montées de divers animaux morts au Jardin, des collections d'Oiseaux britanniques montés, d'œufs et d'Insectes.

3° Jardin zoologique de Manchester.

Le Jardin zoologique de Manchester (*Bellevue Gardens*) est une propriété particulière dont l'origine remonte à 1829. A cette époque, un certain John Jennison installa à Adswood Stockport, à 10 kilomètres de Manchester, une petite Ménagerie qu'il montrait au public moyennant un droit d'entrée. Quelques années après, en 1836, il abandonnait ce premier établissement (dont le souvenir subsiste, dans le pays, par le nom de *Monkey house* donné à la maison qui existe encore) pour acheter, au sud-est de Manchester, un terrain de 80 acres. C'est là qu'il réinstallait sa ménagerie agrandie et qu'il réunissait un grand nombre d'attractions variées que ses fils, les propriétaires actuels du jardin, n'ont fait que développer depuis.

Bellevue Gardens ne sont guère comparables aux Jardins zoologiques de Londres, de Dublin et de Bristol. Ils forment, en réalité, un vaste champ de foire permanente qui est ouvert tous les jours, au public, de 9 heures du matin à 11 heures du soir et dans lequel circulent, les jours de fêtes, de 35,000 à 45,000 personnes [1].

L'énumération de ses principales attractions donnera une faible idée de l'activité extraordinaire qui y règne. Nous y avons trouvé, en effet : de nombreux bars et restaurants, de grandes salles de bal et de réunions. un musée, un cinématographe, des jeux de « chasse dans la jungle », des chevaux, bateaux et vélocipèdes

[1] L'on compte environ un million d'entrées par an.

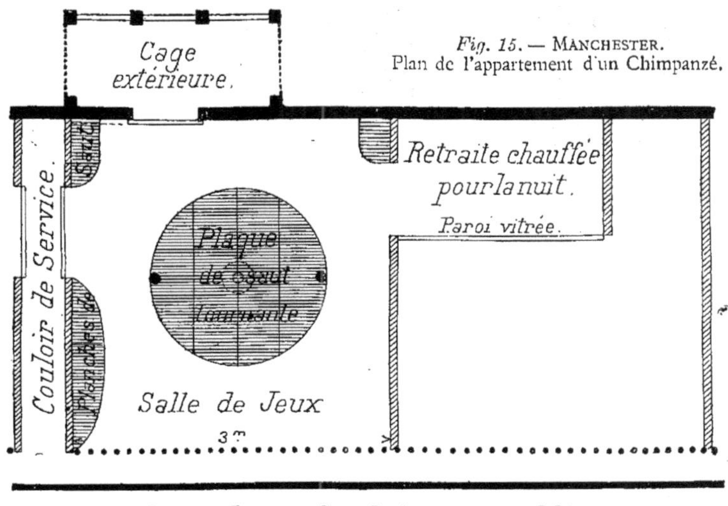

Fig. 16. — LA HAYE. Vue perspective d'une installation pour petits Rongeurs.

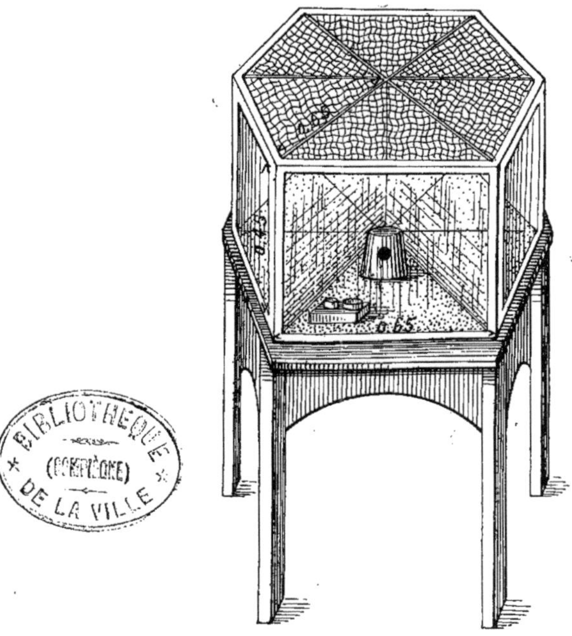

BIBLIOTHÈQUE (PAMPELUNE) DE LA VILLE

E. LEROUX, *Édit.*

mécaniques, un labyrinthe, un champ de tennis, un champ d'exercices athlétiques, un très curieux panorama représentant la ville
de Delhi, immense construction en bois peint s'élevant en amphithéâtre sur le bord d'un large cours d'eau représentant la Jumna,
affluent du Gange et sur lequel un petit steamer promène les visi-
teurs-touristes; un lac artificiel qui couvre un espace de 8 acres
et sur lequel circulent également deux steamers et de nombreuses
embarcations de plaisance; des jardins potagers et d'agrément,
des pépinières, un toboggan, des serres chaudes, etc.

C'est au milieu de ces attractions si diverses que s'élèvent les
200 cages, parcs, volières ou bassins de la ménagerie dans lesquels
sont nourris journellement près de 1,000 animaux (250 Mammifères, 600 Oiseaux, et 60 Reptiles) et dont quelques-uns méritaient
de retenir notre attention.

La maison des Singes, en particulier, est peut-être la plus belle
de celles qui existent actuellement dans les Jardins d'Europe. C'est
une grande construction de style mauresque, largement éclairée
et aérée par le haut, de même que sur toute l'étendue du côté ouest,
mais non chauffée dans son ensemble pendant l'hiver. Elle renferme d'abord une vaste cage centrale longue de 27 mètres sur
5 m. 50 et dans laquelle jouaient une cinquantaine de Singes,
principalement des Babouins et des Macaques. Comme particularité
nous avons noté, dans cette cage, la présence de jouets variés qui
nous ont paru être très utiles pour satisfaire au besoin de mouvement et d'activité intellectuelle des Singes; ce sont : des jeux de
sonnettes, des cloches, des chevaux de bois mécaniques, des escar-
polettes, des balançoires, des cordes suspendues, une grande roue
et des plaques tournantes, un pigeonnier, un puits avec pompe au
moyen de laquelle les Singes puisent l'eau eux-mêmes, un ascenseur
au moyen duquel ils élèvent des graines et autres friandises, enfin
une petite maisonnette en miniature, avec ouvertures libres et qui,
seule, est chauffée pendant l'hiver.

Cette cage centrale est entourée d'un large couloir de circulation
dans lequel des suspensions et des socles supportent des plantes
vertes ou des fleurs; sur le côté est se trouvent une série de cages
latérales communiquant avec des cages extérieures à air libre.
Deux de ces cages latérales réunies forment une sorte d'appartement
à un jeune Chimpanzé Kaoolo-Kamba; l'une de ces chambres renfermait une retraite chauffée en forme de long coffre dans laquelle

il passait généralement ses nuits; l'autre chambre, où il trouvait un certain nombre de jeux dont il usait largement, communiquait avec la cage extérieure correspondante (fig. 15).

D'autres installations pour les Singes, dont une nouvelle espèce de Chimpanzé et des Hamadryas qui se sont reproduits ici, se trouvaient encore dans le Jardin, non loin de cette grande maison. Nous avons noté de nouveau, ici, la tendance de plus en plus grande à placer le plus possible les animaux à l'air libre et froid[1]; cette tendance ne se manifeste pas du reste que pour les Singes. Ainsi la maison où se trouvent des Éléphants (ceux-ci étant utilisés dans le Jardin, en particulier pour le rôle de figurants, dans les grandes pantomimes avec feux d'artifices qui sont jouées et tirés dans le panorama de Delhi, les jours de fête), des Rhinocéros et des Hippopotames n'est jamais chauffée l'hiver et le réservoir d'eau vive, d'où l'on tire l'eau pour le bain de ces animaux, est souvent recouvert de glace sans que cela paraisse produire de mauvais effets sur leur santé. D'autre part, des Pumas vivent depuis plusieurs années sur un sol couvert de neige en hiver et des Hyènes tachetées, étant tombées malades dans des retraites chauffées, ont recouvré la santé à ce nouveau régime d'air libre.

Cependant, reste des anciens errements, la maison des Félins, où nous avons remarqué, entre autres, une belle Tigresse née ici le 1er mai 1900, est constamment chauffée à 20 ou 22° centigrades. Remarquons pourtant que les cages de cette maison sont grandes, bien aérées et ornées de belles peintures murales; les Lionnes s'y sont parfois reproduites.

La cage des grands Serpents non venimeux est aussi chauffée de 27 à 32° centigrades, mais c'est là, jusqu'à preuve du contraire, une nécessité justifiée, du reste, par les bons résultats obtenus ici. Cette cage communique librement avec une petite serre très

[1] Nous recevions, fin janvier, une lettre de M. Jennison nous disant que ses Chimpanzés se portaient toujours très bien et qu'ils passaient encore, à cette époque, une partie de leur existence dehors. Il nous apprenait, en même temps, que l'on venait d'ajouter au grand palais des Singes une cage à air libre présentant les dimensions de 8 m. × 8 m. × 5 mètres. De plus l'on avait enlevé toutes les fenêtres de la façade ouest de ce palais, de manière à laisser entrer librement l'air extérieur dans l'intérieur même de la maison. « Nous avons remarqué, en effet, ajoute M. Jennison, qu'aucun de nos Singes vivant en plein air n'a jamais présenté cette paralysie du train de derrière qui a fait mourir tant de nos autres Singes ».

Fig. 17. — MANCHESTER. Serre pour grands Reptiles.

E. LEROUX, Edit.

humide, à végétation luxuriante; elle se présente, elle-même, comme une vaste serre longue de 23 m. 80 sur 3 mètres de large et 3 m. 65 de haut (fig. 17); son plancher en bois, élevé de 1 mètre environ au-dessus du sol et percé de grillages d'aération, recouvre une sorte de cave dans laquelle se trouvent les conduites de chaleur et d'eau; ces dernières sont entourées par de petits tuyaux contenant de l'air chaud de sorte qu'elles amènent constamment de l'eau tiède dans les grands bassins où se tiennent très souvent les Pythons, pendant le cours de la journée du moins. Quand nous les avons vus, les Serpents ne présentaient nullement l'état de torpeur dans lequel on les trouve habituellement autre part. Nous sommes entrés dans leur cage pour les photographier, le gardien a pu en saisir quelques-uns pour les disposer comme nous le voulions et c'était vraiment chose curieuse et un peu effrayante pour nous, qui n'y étions pas habitué, d'entendre leurs sifflements répétés et de voir avec quelle vivacité ils rampaient sur le sol, grimpaient aux arbres ou nageaient dans leur bassin. Il y avait là quelques petites Couleuvres et une trentaine de Boas et de Pythons dont quelques-uns mesuraient 20 pieds de long. Ils mangent toutes les trois semaines, l'hiver comme l'été, ou plutôt, on leur présente régulièrement, à cette date, des chevreaux, des petits cochons, des lapins, des cobayes, des poules, etc. Beaucoup s'accouplent et l'on obtient parfois des pontes, qui, du reste, n'ont jusqu'ici jamais rien donné, bien que les femelles les aient couvées constamment; ainsi, en avril 1904, un grand Python est resté pendant deux mois lové autour d'une ponte de 50 œufs et cela sans aucun résultat.

Cette cage des Serpents était encore pourvue de troncs d'arbres; de plus elle était ornée de fleurs et de plantes vertes, sur lesquels grimpaient des Lézards verts et gris ou des Caméléons du nord de l'Afrique et au milieu desquelles voltigeaient des Cardinaux à tête rouge. Si nous ajoutons que de nombreux globes électriques permettaient de la laisser ouverte jusqu'à 11 heures du soir, alors que les Serpents, animaux de nuit, sont en pleine activité; si nous disons enfin que le public qui vient la visiter se trouve placé, lui-même, dans une serre chaude où l'on cultive une partie de la flore méditerranéenne, nous n'aurons donné qu'une faible idée de cette belle installation dont nous n'avons pas trouvé l'équivalent dans d'autres Jardins.

Il y a bien encore, dans le Jardin de Manchester, quelques installations d'animaux qui méritent une visite; mais nous ne pouvons guère que les citer ici; ce sont, par exemple :

Une grande et belle fosse aux Ours dans laquelle nous avons noté la présence de bassins de plonge aussi étendus dans la partie réservée aux Ours bruns que dans celle des Ours blancs;

Un enclos, pour les petits carnivores, dont la disposition hexagonale permet d'utiliser le mieux possible un espace relativement restreint;

Une maison des Oiseaux plongeurs où l'on a ménagé un long chemin accidenté pour le parcours des Pingouins et des Cormorans, allant de leurs cages respectives au bassin central dans lequel on leur jette des Poissons vivants;

Une volière dans laquelle des Coypu font bon voisinage avec des Hérons, des Mouettes et autres Oiseaux aquatiques;

Enfin un bassin pour Otaries qui communique avec une grande piscine couverte entourée de sièges en amphithéâtre. C'est là que le public vient se placer pour assister aux évolutions clownesques qu'un gardien fait faire à trois Otaries de Californie : monter des escaliers, plonger du haut d'une plate-forme élevée, sauter par-dessus des perches ou à travers des cerceaux, se tenir sur des trapèzes, etc.

4° Autres établissements zoologiques.

Comme complément à l'étude des Jardins zoologiques anglais dont nous venons de rendre compte, nous dirons encore quelques mots d'établissements beaucoup moins importants.

À Southport, au sud de Liverpool, se trouve un petit Jardin zoologique (*Zoo Park*) dont le directeur et propriétaire est M. W. Simpson Cross, un fellow de la *Zoological Society*. Ce Jardin renfermait alors 200 animaux : 64 Mammifères dont 1 Chimpanzé; quelques autres Singes intéressants et une assez belle collection de Carnivores; 124 Oiseaux et 9 Reptiles. M. Cross est, en même temps, un importateur d'animaux sauvages bien connu des directeurs de Jardins zoologiques. Il a comme concurrents, dans ce dernier ordre d'idées, les deux frères Jamrack à Londres, dont les ménageries sont peu intéressantes à visiter. Nous avons cependant trouvé chez M. Albert E. Jamrack de véritables raretés zoologiques : des Kangourous argentés et isabellines, des Makis d'espèce nouvelle, des Singes de Brazza, de Schmidt, de Wolf et de Bourtoulini, des Gazelles M'horr de Morono, etc.

Nous avons pu apprendre ici, en passant, que le commerce d'importation d'animaux sauvages étrangers semble entrer dans une période de décadence, en Angleterre du moins. Les grandes ménageries foraines de ce pays, telle que celle de Lord George Sanger, ont cessé les affaires; quant aux petites ménageries, elles ne peuvent lutter contre la concurrence que leur font les music-halls et les exhibitions cinématographiques qui se trouvent répandus un peu partout aujourd'hui. D'autre part, les Jardins zoologiques ont généralement, dans les colonies anglaises, des correspondants amis qui leur envoient directement les animaux dont ils ont besoin. Il ne reste plus guère aux importateurs, en fait de clients, que les grands propriétaires qui aiment à orner leurs parcs d'animaux vivants.

— Nous citerons à Sydenham, près de Londres, dans le fameux Palais de Cristal, une petite ménagerie renfermant une vingtaine de Singes, des Lemurs, quelques Blaireaux et autres Mammifères, près de 80 Perroquets, plusieurs autres Oiseaux et des Reptiles. Là se trouve aussi un rudiment d'aquarium : 10 bacs contenant des Poissons d'eau douce et un appareil d'élevage pour Alevins.

— L'aquarium de Liverpool est plus instructif. Il occupe une partie des constructions du Muséum et renferme des bacs d'eau de mer et d'eau douce, contenant un certain nombre de Poissons parmi lesquels des Protoptères et des Périophtalmes. On y trouve aussi des Phoques, des Crocodiles, des Serpents et des Batraciens.

— Ce sont surtout les aquariums de Brighton et de Plymouth qui méritent d'attirer l'attention. Malheureusement nous n'avons pu nous arrêter à Brighton, dont nous avions visité l'aquarium en 1899. Et c'est seulement d'après les renseignements que nous a fournis obligeamment le directeur, M. E. J. Allen, que nous allons dire quelques mots ici de l'aquarium de Plymouth.

Cet établissement, situé près de la citadelle, est une dépendance du laboratoire de biologie marine qui appartient lui-même à *The marine biological Association of the United Kingdom* [1]. Ce laboratoire, construit en 1888 pour le prix de 12,000 livres sterling, comprend une partie centrale où sont l'aquarium et les salles de travail; une aile ouest qui contient : le logement du gardien, la bibliothèque, le musée, des chambres à photographie et des magasins; et une aile, à l'est, réservée au directeur.

L'aquarium, situé au rez-de-chaussée, a été aménagé d'après le système à circulation continue que nous décrirons avec l'aquarium d'Amsterdam. Disons seulement que ses deux réservoirs contiennent 50,000 gallons [2] et ses bacs 20,000 gallons d'eau de mer. Bien que cet aquarium soit installé surtout pour le public, qui y est admis chaque jour moyennant un droit d'entrée, quelques-uns de ses grands bacs permettent de faire des études suivies sur les mœurs des Poissons. Mais c'est surtout dans le laboratoire proprement dit, situé au premier étage, que se fait la véritable œuvre scientifique de l'Association. Ce laboratoire est divisé, par de simples cloisons, en douze pièces; au centre se trouvent encore une série de petits bacs. Les travailleurs y sont admis moyennant une redevance particulière.

Les dépenses totales pour l'aquarium seul ont été, en 1905-1906, de 253 l. 19 sh. 8 d.; mais l'Association a recueilli d'autre part, pour droits d'entrée : 126 l. 12 sh. 6 d., et elle a vendu pour près de 500 l. d'animaux marins vivants ou conservés.

Les nombreux travaux scientifiques faits au laboratoire de Plymouth ont été, pour la plupart, publiés dans le *Journal of the marine biological Association of the United Kingdom*. Ceux qui dérivent directement de l'usage de l'aquarium concernent la reproduction et le développement des animaux marins et quelques expériences de biologie proprement dite; c'est ainsi que nous avons relevé les titres suivants :

Breeding of Fish in the Aquarium, by J. T. Cunningham, 1891-1892, p. 195.
Growth of Fishes in the Aquarium, id., 1893-1895, p. 167.
Experiments on Sea-Fish Culture, by W. Garstang (*Report. Brit. Assoc.*, 1899).

[1] Un autre laboratoire, dépendant de la même Association, se trouve à Lowestoft, sur la mer du Nord.
[2] Un gallon équivaut 4 l. 54.

*Modes in which Fish are affected by artificial light, by W. Bateson
(Journal M.B.A., 1889-1890, p. 216).*
*Report on the Spawning of the Common Sole in the Aquarium of the
M.B.A's laboratory during April and May 1895, by G. W. Butler
(Journ. M.B.A., 1895-1897, p. 3).*
*The habits of the Cuckoo or Boar Fish, by J. T. Cunningham (Journ.
M.B.A., 1888, p. 243).*
*Recent Experiments relating to the Growth and Rearing of Food-fish at the
laboratory.* — I, The rearing of lobster larvae. — By W. F. R. Weldon
and Fowler (*Journ. M.B.A.*, 1889-1890, p. 367).
*An observation of the Colour changes of a Wrasse, Lubius maculatus,
Donovan, by E. W. L. Bolt and L. W. Byrne (Journ. M.B.A., 1897-
1899, p. 193).*
*Colour changes in Cottus bubalis by J. T. Cunningham (Journ. M.B.A.,
1889-1890, p. 458).*

B. MÉNAGERIES PRIVÉES ET PARCS DE RÉSERVE
D'ANIMAUX SAUVAGES.

Un très grand nombre de riches propriétaires anglais et écossais
aiment à garder chez eux des animaux sauvages. Quelques-uns, tels
que Sir Gl. Alexander, à Faygate-Wood, Horsham (Sussex) et Sir
Robert Leadhatter à Hazlemere (Bucks), ont de véritables ménageries
avec des Lions, des Pumas, des Léopards, des Hyènes ou des Loups;
d'autres préfèrent les Oiseaux de volière, tel Sir D. Seth-Smith
qui possède approximativement, à Croydon (Surrey), 200 Oiseaux
étrangers parmi lesquels des Cailles, des Hémipodes, des Pigeons
rares, des Perroquets et des Passereaux.

La plupart des autres grands propriétaires élèvent dans leurs
parcs : des Cerfs, des Daims, des Gazelles, des Mouflons, des
Chèvres et des Moutons exotiques, ainsi que des Grues, des Flamants, des Nandous, des Casoars, des Aigles et des Hiboux.

Beaucoup de ces parcs sont de très vastes étendues de prairies
ou de bois, pris sur d'anciennes forêts et enclos de murs ou de
fossés, à l'époque de la conquête normande. Dans un certain
nombre d'entre eux, on a pratiqué des ouvertures aménagées de
telle façon que les Cerfs ou les Daims des environs peuvent y
pénétrer facilement, mais ne peuvent plus en sortir.

Whitaker comptait, en 1892, 395 de ces parcs renfermant

68,331 têtes de Daims et 5,477 têtes de Cerfs, pour l'Angleterre exclusivement, sans compter ceux d'Écosse et d'Irlande.

C'est dire que nous ne pouvions songer à les visiter tous, ce qui aurait été une perte de temps trop grande. Mais quelques-uns cependant devaient nous arrêter, soit à cause de leur intérêt particulier, soit à cause de l'importance de leurs collections.

Parcs de réserve de Bœufs sauvages. — Nous devions tout d'abord nous enquérir de ces antiques parcs où vivent encore aujourd'hui des bandes de Bœufs sauvages, descendants, si l'on en croit Walter Scott, à tort, semble-t-il, de ces *Tauri silvestres* ou Aurochs qui étaient, nous dit-il dans un de ses poèmes « la plus puissante de toutes les bêtes de chasse errant dans la Calédonie boisée ».

De ces parcs, celui de Chillingham qui appartient au comte de Tankerville et qui, situé au sud de Berwick-on-Tweed, se trouvait sur notre route d'Écosse, paraît être le plus important et le plus curieux à visiter, ne serait-ce qu'à cause de son magnifique château et des collections qu'il renferme.

Le parc, entouré d'un mur de pierres qui a été construit en 1220, présente une étendue de 1,200 acres; sa partie supérieure, dans laquelle vivent habituellement les Cerfs, les Daims et les Bœufs sauvages, se compose de landes, de ravins et de collines boisées où les animaux se retirent habituellement pendant le jour. La partie inférieure, séparée de la première par une clôture, présente de grandes plaines herbeuses où les animaux viennent paître pendant la nuit, quand on laisse les barrières ouvertes, après la récolte du fourrage. Pendant l'hiver, on met, dans ces prairies, des bottes de foin que les animaux viennent manger.

Les Bœufs sauvages de Chillingham (fig. 18 et 19 d'après des photographies communiquées par M. le comte de Tankerville) ont un pelage qui est d'abord blanc pur au moment de la naissance, et qui devient ensuite blanc crème; seuls le museau, les sabots et l'extrémité des cornes sont noirs; enfin ils ont des poils bruns dans l'intérieur des oreilles qui sont elles-mêmes d'un brun rougeâtre. Les yeux sont frangés de longs cils qui donnent de la profondeur et du caractère à leur regard. Les formes du corps sont harmonieuses, le dos horizontal et les épaules larges. La peau est mince et le poids du squelette est faible par rapport au poids total.

Fig. 18. — Vue prise dans le parc de Chillingham.

Fig. 19. — Bœufs sauvages du parc de Chillingham.

E. Leroux, *Édit.*

Ces animaux restent couchés pendant la plus grande partie de la journée, ne descendant guère qu'à la nuit dans les pâturages. Ils ont les mouvements vifs et peuvent rivaliser avec les chevaux par la rapidité de leur course. Leur force musculaire est extrêmement grande et on a vu de ces Bœufs, emprisonnés dans un petit enclos, sauter sans élan par-dessus une barrière de 2 mètres de haut et ne pas la briser.

Le troupeau de Chillingham se compose actuellement de 60 têtes environ; du reste ce chiffre est une moyenne constante depuis de longues années. Dans ce nombre, il y a à peu près 30 à 40 Vaches, 15 à 20 mâles et 7 à 8 Veaux. Ils vivent tous ensemble, se déplaçant en bande sous la conduite, semble-t-il, d'un Taureau-chef. Lorsque celui-ci atteint un certain âge, huit ans en moyenne, il a à se défendre contre les Taureaux plus jeunes qui veulent le détrôner; de violents combats s'engagent alors et le vaincu, qui est généralement le vieux, est chassé du troupeau dans lequel on ne le voit jamais reprendre sa place; il reste solitaire et comme, dans cet état, il est particulièrement dangereux, on le tue.

Quand les Taureaux sont trop nombreux, on essaie d'en attirer quelques-uns en plaçant de la nourriture dans un étroit enclos; lorsqu'ils sont entrés, on les prend au lasso et on les castre; les Bœufs redevenus libres rejoignent aussitôt le troupeau où ils sont toujours bien accueillis.

Les Vaches donnent leur premier Veau vers l'âge de 3 ans et vivent en moyenne 14 ans. Elles abandonnent momentanément le troupeau pour mettre bas et allaiter leur petit dont elles s'occupent jusqu'à l'âge de deux ans. Il arrive souvent que de jeunes Veaux sont abandonnés et piétinés quand le troupeau s'enfuit, effrayé; les uns meurent, les autres sont trouvés errants dans les bois et se laissent alors facilement prendre à la main; mais il est inutile de les capturer pour les conserver, car ils deviennent trop dangereux.

De 1875 à 1886 on fit, à Chillingham, quelques croisements entre des Vaches sauvages et des Taureaux domestiques à cornes courtes. Les métis obtenus avaient la robe du type sauvage, mais la couleur noire du nez était remplacée par une coloration chair ou marbrée et les poils fauves des oreilles étaient plus développés. Ces individus avaient encore, du type sauvage : la vigueur musculaire, la légèreté relative des os et la belle allure due au développement particulier des épaules. Par contre, la viande était supérieure à celle des Bœufs de Chillingham, le poids était plus considérable et le développement plus rapide.

Il faut noter que ces hybrides n'ont jamais eu aucun contact avec le troupeau sauvage, de sorte que la race du bétail de Chillingham est toujours restée absolument pure.

———

En quittant Glasgow pour revenir en Angleterre, nous trouvions également sur notre route un autre parc de réserve de Bœufs sauvages, le parc de Cadzow, situé à 13 milles de Glasgow, près de Hamilton. Ce parc, qui appartient au duc d'Hamilton, est un peu plus grand que celui de Chillingham, mais le mur en pierre qui l'entoure de tous côtés date seulement du commencement du xixe siècle. Il présente une étendue de 1,471 acres dont 921 en pâturages, 23 de rivière et 527 de forêts dans lesquelles on peut voir de magnifiques chênes séculaires. Ces bois seraient les restes d'une antique forêt qui se serait étendue, à l'est, jusqu'à la Mer du Nord et dont les bois de Chillingham représenteraient les derniers vestiges de l'extrémité orientale. Le parc de Cadzow ne renferme ni étangs, ni marais, ni collines.

Les Bœufs de Cadzow ont, comme ceux de Chillingham, le pelage blanc avec le museau noir; mais les oreilles et les pattes antérieures ont parfois aussi la même coloration. — Un de ces Bœufs a été exhibé pendant quelques jours au Jardin zoologique de Londres.

Les Taureaux ont le front très large et la face allongée, les épaules et le devant du corps lourds, le cou arqué, les reins et la partie postérieure du corps légers; leur hauteur au garrot, est de 1 m. 62. Les Vaches sont plus petites que les Taureaux, mais elles ont la même forme générale; il est à remarquer seulement que leur nez, plutôt étroit, s'élargit en s'approchant du museau.

Des Vaches du parc de Cadzow ont du reste été croisées plusieurs fois, en premier lieu avec des Taureaux de Chillingham puis avec des Taureaux du pays de Galles.

Ces Bœufs ne sont pas laissés libres de courir dans toute l'étendue du parc; ils sont confinés dans trois grandes plaines de 180 acres dont l'une renfermait alors 20 Vaches adultes, l'autre 10 Vaches et 5 Génisses et la troisième 8 Taureaux adultes et 5 jeunes.

Pendant tout l'été, ces animaux restent, nuit et jour, dans les champs; l'hiver, quelques-uns se réfugient dans des hangars construits pour eux, mais d'autres se placent simplement sous les arbres pour y passer la nuit.

Les Vaches ont leur premier Veau à l'âge de trois ans; pour vêler, elles s'isolent toujours des troupeaux et gardent leur Veau caché pendant quelques jours; pendant tout ce temps, elles sont très dangereuses. Les Veaux sont sevrés à l'âge de six mois.

Les Vaches sont tuées quand elles ont dix ans et les Taureaux, suivant les circonstances. Ceux-ci se battent quelquefois entre eux. Mais on peut voir aussi tout le troupeau se jeter sur un des leurs, le tuer ou du moins le chasser et le forcer à rester isolé; au bout d'un certain temps, ce solitaire parvient quelquefois à reprendre sa place dans le troupeau.

Certains parcs d'Angleterre renferment encore des troupeaux de Bœufs sauvages, mais ceux-ci sont loin d'avoir l'importance des élevages de Chillingham et de Cadzow.

Le troupeau que Lord Ferrers possède dans son parc de Chartley (Staffordshire — parc enclos en 1260) est aujourd'hui très amoindri; il a été mis en vente il y a quelques mois, et n'a pas trouvé d'amateur.

Le troupeau du parc de Loyne, appartenant à Lord Newton, n'existe plus, nous a-t-on dit, depuis l'année dernière.

Quant aux troupeaux des parcs de Kilmory, de Somerford et de Lyme dont parlent les auteurs, nous n'avons pu avoir sur eux aucun renseignement.

Avant de quitter l'Écosse, nous citerons encore, comme renfermant des animaux sauvages étrangers, le parc du marquis de Bute, dans l'île de Bute, et celui du marquis de Lothian à New-battle Abbey, mais nous n'avons pas pu visiter ces propriétés, ni obtenir, malgré nos demandes, aucun renseignement direct.

Parmi les autres parcs contenant des animaux sauvages étrangers, il faut citer Vaynol-Park, à Bangor, pays de Galles, qui possède encore des Bisons, des Cerfs, des Kangourous, et autres restes d'une collection beaucoup plus complète formée par Sir Assheton-Smith. Nous avons vu un Zèbre au Jardin zoologique de

Manchester et un Taureau sauvage, au Jardin de Londres, provenant de Vaynol-Park.

La collection du duc de Derby, à Knowsley, près de Liverpool, célèbre au siècle dernier par la première importation en Europe, du grand Élan du Cap (*Oreas Canna* Desm.), en 1840, a disparu presque entièrement. L'on peut se faire aujourd'hui une idée de ce qu'elle était autrefois par les planches coloriées du magnifique in-folio publié par J. E. Gray de 1846 à 1850 et offert alors à la bibliothèque du Muséum (M. 35ª).

Sir J. Ley Land possède dans sa propriété de Haggerston Castle, à Beal (Northumberland), quelques Bisons (*Bos americanus*) qui ne s'y portent pas très bien, des Bœufs sauvages écossais, des Cerfs japonais, des hybrides de Wapitis et de Cerfs élaphes d'Écosse, un assez grand nombre de petites Vaches indiennes, quelques Kangouroos, des Singes japonais et quelques Emeus.

Sir Edmund Giles Loder élève ou a possédé dans son parc de Leonards Lee, à Lower Breeding (Sussex), des Kangouroos, des Antilopes, des Chevreuils, des Mouflons et des Castors.

Mais aucun de ces élevages ne peut rivaliser avec ceux du duc de Bedford dont nous allons parler maintenant.

Parc du duc de Bedford, à Woburn Abbey. — La propriété du duc de Bedford, Woburn Abbey, est située au sud-ouest de la ville de Bedford. Pour l'atteindre, nous nous sommes rendu à la gare de Bletchley, où une voiture devait venir nous chercher pour nous conduire au parc, distant de 6 à 7 milles.

Le château de Woburn, construit en 1747 sur les restes d'une abbaye de Cisterciens, et du reste d'apparence assez banale, renferme des collections artistiques de grand prix. Nous n'avons pas à parler ici des galeries de peinture, des collections de sculpture antique et moderne, des services de porcelaine de Saxe et de Sèvres dont deux, en particulier, furent donnés par le roi Louis XV à l'aïeul du duc de Bedford actuel, ni des richesses de la bibliothèque, mais nous devons une mention un peu plus complète au Musée zoologique établi dans une des dépendances du château. Cette collection n'a pas la prétention de représenter un muséum d'histoire naturelle. Elle renferme seulement les types, montés et en squelette, de toutes les espèces qui ont vécu ou qui vivent encore à Woburn, parmi lesquels des métis ou des hybrides obtenus par le duc et par la duchesse de Bedford.

Déjà cette collection peut donner une idée des richesses que réserve la vue du parc. Nous avons compté, en effet, parmi les nombreux bois des Cervidés suspendus aux murs, une quarantaine d'espèces différentes et, dans une autre salle, les têtes d'une vingtaine d'espèces d'Antilopes. Les Capridés, les Ovidés et les Bovidés sont représentés, dans ce musée, à peu près dans des proportions égales. De même, pour ce qui concerne les Oiseaux, nous avons pu admirer, en particulier, parfaitement montés et placés dans leur milieu naturel, les représentants de dix ou douze espèces de Cygnes dont nous devions rencontrer, un peu plus tard, des bandes nageant sur les étangs du parc.

Le château du duc de Bedford est d'abord entouré, de trois côtés, par un parc intérieur dans lequel nous n'avons à signaler qu'un enclos où vivaient de jeunes Autruches et un grand étang, situé en face de la galerie de sculpture et consacré exclusivement à l'élevage de Poissons rouges. Cet étang est entouré d'une bande de grillage, large de 1 mètre, qui s'étend horizontalement au-dessus de l'eau et empêche les Palmipèdes et les grands Échassiers du parc de venir dévaster les élevages; en effet, ces Oiseaux, se prenant les pattes dans les larges mailles du grillage, ne tardent pas à déserter cet endroit inhospitalier. Les Poissons peuvent donc frayer et se développer librement. Aussi pullulent-ils, et cela d'autant plus abondamment qu'un gardien leur distribue largement de la nourriture trois fois par jour.

La façade ouest du château donne directement sur le grand parc qui couvre, tout autour de la partie dont nous venons de parler, une surface de 2,837 acres comprenant des plaines légèrement vallonnées (1,464 acres), des bois, des champs de bruyère, et 50 acres d'eau répartis en douze grands étangs et beaucoup d'autres plus petits.

Nous étions arrivés à Woburn à l'improviste, Mme la duchesse de Bedford n'avait pu faire grouper les animaux du parc, comme elle nous en avait manifesté l'intention; le temps que nous avons pu consacrer à notre visite ne nous a permis de voir, au trot de deux beaux Chevaux, qu'une partie du parc et pourtant le spectacle que nous avons vu est un de ceux qu'il est permis à bien peu de personnes de contempler

En quittant le château, par la grande porte du nord, nous entrons immédiatement dans une vaste plaine gazonnée sur laquelle nous voyons de grands troupeaux de Ruminants s'enfuir à notre approche. Nous reconnaissons là des bandes de Cerfs de plusieurs espèces, des Daims, des Lamas, des Zébus, des Yacks, etc.

Continuant notre route vers le nord, nous apercevons, couché dans un vallon, un troupeau de Cerfs au repos dans lequel nous comptons de 150 à 160 individus.

Un peu plus loin nous croisons des bandes d'Autruches, d'Émeus, de Rhéas et nous arrivons dans la région où sont parquées certaines espèces, dans des enclos herbeux de plusieurs hectares de superficie et presque tous pourvus d'étables. Nous trouvons là une trentaine d'Élans du Cap (*Taurotragus oryx*) dans un enclos de 44 acres; puis des *Cervus Duvaucelli* et des *Cervus eldi;* des Gnous rayés, des Chameaux, des Mouflons et des Argalis. Dans le coin d'un de ces enclos, une grande Outarde est sur son nid.

Dirigeant ensuite notre course vers l'est, nous retrouvons, en pleine liberté, des bandes de Cerfs blancs, de Gnous à queues blanches, de Cerfs Wapiti, puis un troupeau de Bisons, des Aurochs de Russie, une douzaine de Hanguls (*Cervus cashmirianus*) et une quarantaine de Dindons sauvages qui se reproduisent régulièrement ici chaque année.

Nous laissons, à 3 ou 4 milles sur notre gauche, d'autres enclos où vivent des Tapirs, des Girafes, une quinzaine de Chevaux de Przevalski, huit Zèbres de Grévy et de Burchell, des Onagres, des Hémiones, des Kiangs dans un enclos de 11 acres; puis nous entrons dans une lande couverte de fougères où sautillent, en s'éloignant à notre approche, des bandes de Kangouroos de plusieurs espèces.

Il est à noter que les Chevaux de Przevalski proviennent d'un troupeau de 26 jeunes importés, pour la première fois à l'état vivant en Europe, par C. Hagenbeck. C'est en 1900 que, sur la commande du duc de Bedford, Hagenbeck envoya une expédition dans les montagnes de l'Ektala, près de Kobdo, à l'ouest de la Mongolie. Une cinquantaine de jeunes Poulains, âgés de quelques jours, furent facilement capturés au lasso; on les fit allaiter par des Juments de Mongolie, puis on les dirigea vers l'Europe où 26 seulement arrivèrent en vie.

Nous traversons ensuite un sous-bois où nous retrouvons encore

Fig. 20. — Un des étangs du parc de Woburn-Abbey.

Fig. 21. — Vue prise dans le parc du château de Tring ;
un couple d'Emeus à gauche, une bande de Kangouroos à droite, au second plan.

E. LEROUX, *Edit.*

des troupeaux de Cervidés, *Cervus porcinus* pour la plupart; un peu plus loin, dans une plaine herbeuse, nous apercevons une bande de Wapitis (*Cervus Xanthopygus*) importés de Mandchourie par le duc de Bedford et qui se sont reproduits dans le parc.

Puis, en revenant au château, nous passons non loin d'un grand étang où nous admirons plusieurs espèces de Grues parmi lesquelles de magnifiques Grues bleues, des Flamants, des Ibis, des Bernaches qui voisinent avec des bandes innombrables d'Oies, de Cygnes et de Canards (fig. 20, d'après une photographie communiquée par Mme la duchesse de Bedford).

La dernière liste imprimée des animaux du parc de Woburn Abbey, dressée en 1905, seulement pour les Mammifères, comprenait un total de 782 Cervidés, 89 Antilopes, 23 Chèvres sauvages, 41 Moutons sauvages, 47 Bovidés et 25 Équidés, tous d'espèces exotiques. Ces chiffres étaient plutôt inférieurs à la réalité, car il est presque impossible de dénombrer exactement des bandes d'espèces telles que les *Cervus porcinus* qui vivent surtout dans les parties boisées du parc. De plus, le chiffre total était de beaucoup dépassé lorsque nous sommes allé visiter Woburn par suite des naissances nombreuses qui s'y font chaque année.

Pour les Oiseaux, le nombre d'individus vivant librement dans le parc devait être aussi grand que celui des Mammifères, si nous en jugions par le spectacle que nous présentait la vue des étangs. Une liste approximative de ces Oiseaux, arrêtée fin novembre 1906, et que nous a envoyée gracieusement Mme la duchesse de Bedford, nous donne un total de 91 Cygnes (de 7 espèces ou variétés différentes), de 324 Oies (18 esp. ou var.), de 50 Sheldrakes (5 esp. ou var.), de 81 Rheas (3 esp. ou var.), de 3 Autruches, de 3 Émeus, de 3 Pélicans, de 66 Grues (10 esp. ou var.), de 8 Flamants, de 10 Outardes, de 7 Ibis et de 6 Poules de Guinée. Il faut ajouter, à cette liste, un grand nombre de Faisans, de Perdrix, de Pigeons exotiques et surtout des bandes de Canards (de 21 esp. ou var.) qu'il est devenu impossible de dénombrer.

La description que nous venons de donner du parc du duc de Bedford, quoique succincte, peut pourtant donner une idée de la vaste expérience d'acclimatation qui a été commencée par le duc, il y a 15 ans, et qui n'aurait pu être poursuivie dans aucun Jardin zoologique. Cette expérience se continue toujours et il faut espérer qu'elle se poursuivra encore pendant longtemps. Elle est cependant assez ancienne pour que nous puissions en tirer déjà quelques conclusions. Pour cela, considérant la destinée de toutes les espèces de Mammifères qui ont été introduites à Woburn, nous les grouperons sous les quatre chefs suivants :

NOMS DES ESPÈCES.	INDIVIDUS IMPORTÉS [1].	NÉS.	PRÉSENTS en NOV. 1906 [2].	LIEU DE SÉJOUR, ETC.
1° ESPÈCES ACTUELLEMENT EN PROGRESSION.				
Cervus elaphus barbarus Benn.	8 (1898)	15	19 (1)	Dans un grand enclos herbeux.
C. el. maral Og.............	16 (1897)	111	65 (13)	Dans un grand enclos herbeux; très résistants.
C. (Pseudaxis) sika Temm. et Schl.................	31 (1893)	149	109 (9) +	Dans le grand parc; très résistants.
C. s. mandchuricus Sw.......	22 (1894)	41	29 (12)	Idem.
C. (Pseud.) taevanus Blyth...	5 (1897)	10	17	Idem.
C. (Pseud.) hortulorum Sw...	92 (1895)	148	114 (8) +	Idem.
C. unicolor Bechst...........	25 (1894)	62	35 (3)	Idem.
C. porcinus Zimm...........	27 (1894)	"	49 +	Vivent dans les bois où on ne peut les compter exactement.
C. axis Erxl.................	44 (1893)	149	81 (1) +	Dans le grand parc; donnent des petits toute l'année.
C. Duvaucellii Cuv...........	22 (1897)	37	37 (1)	Dans enclos herbeux avec abris.
Elaphurus davidianus A. M. Edw.................	18 (1894)	38	37	Dans enclos herbeux avec abris; quelques-uns sont morts d'une inflammation aiguë des viscères abdominaux dont la cause est inconnue.
Cariacus americanus Erxl.....	140 (1894)	44	26	En grande partie dans les bois où ils progressent beaucoup; le nombre 26 est celui des individus gardés dans le parc où ils ne vivent pas bien.
Moschus moschiferus L.......	61 (1894)	?	?	Ces Cerfs, vivant très mal dans le parc, ont été envoyés dans les bois où ils ont prospéré tellement depuis qu'on ne peut pas les compter.
Cervulus Muntjac Zim........	98 (1893)	?	?	Idem.
Cervulus reevesi Og..........	24 (1894)	?	?	Idem.
Capreolus pygargus Pall.....	26 (1898)	?	?	Idem.

[1] Les dates sont celles des années de l'importation. — [2] Les nombres placés entre parenthèses indiquent la quantité d'animaux que le duc de Bedford a envoyés dans d'autres parcs ou jardins. Les croix indiquent qu'il faut ajouter, aux nombres donnés, ceux des jeunes de l'année, non encore dénombrés.

NOMS DES ESPÈCES.	INDIVIDUS IMPORTÉS.	NÉS.	PRÉSENTS en NOV. 1906.	LIEU DE SÉJOUR, ETC.
Taurotragus oryx Pall........	19 (1895)	54	43 (10)	Dans grand enclos avec abris. (Nourris avec foin, trèfle et maïs.)
Boselaphus tragocamelus Pall.	16 (1892)	62	38	Dans le parc en été; dans enclos avec abri en hiver.
Cobus sing-sing Benn........	12 (1896)	21	17 (1)	Dans le parc, avec abris.
Hemitragus jemlaicus H. Sm.	23 (1894)	55	19 (42)	Dans le parc.
Capra hircus, var. L........	3 (1901)	3	5	
Ovis aries L...............	8 (1901)	7	16	
Bos taurus (var. pygmée) L..	14 (1894)	13	17	Dans le grand parc.
Bos (Bison) Bison F. Cuv....	7 (1896)	29	26 (5)	Dans un grand enclos herbeux (trèfle, foin et maïs en hiver).
Lama glama. L...............	7 (1897)	10	9	Dans le grand parc; ont leur fourrure la plus épaisse en été.

Des Écureuils gris d'Amérique importés se sont multipliés et ont augmenté par centaines.

2° ESPÈCES PARAISSANT STATIONNAIRES.

NOMS DES ESPÈCES.	INDIVIDUS IMPORTÉS.	NÉS.	PRÉSENTS en NOV. 1906.	LIEU DE SÉJOUR, ETC.
Cervus cashmirianus Falc.....	14 (1898)	5	11 (1)	Vivent mal sur l'herbe, mais bien sur du gravier.
Rusa Aristotelis equinus Cuv.	15 (1895)	15	15 (2)	
Rusa nigricans Bro	4 (1899)	13	4	
C. sika (var.)...............	2 (1900)	3	2	
C. hippelaphus typicus Cuv..	11 (1895)	8	8	
Odocoileus mexicana Licht...	6 (1900)	11	8	Dans enclos herbeux avec abris.
Connochœtes taurinus Bur...	4 (1897)	6	5	
Ovis musimon Sch...........	19 (1894)	41	14	Dans grand enclos herbeux.
Poephagus grunniens L.....	13 (1895)	12	6	Dans le grand parc où on ne peut plus les dénombrer.
Bos (Bison) bonassus. L.....	4 (1900)	"	4	Dans grand enclos herbeux.
Camelus bactrianus L........	3 (1898)	1	3	*Idem.*
Equus burchelli chapmani Lay.	5 (1895)	3	3	Dans grand parc en été, dans un enclos en hiver.

NOMS DES ESPÈCES.	INDIVIDUS IMPORTÉS.	NÉS.	PRÉSENTS en NOV. 1906.	LIEU DE SÉJOUR, ETC.
E. Grevyi.................	4 (1902)	»	4	Dans grand parc en été, dans un enclos en hiver.
Asinus Kiang Moor.........	3 (1894)	»	4	Dans grand enclos herbeux.
As. onager Briss...........	2 (1903)	»	2	Idem.
As. hemionus Pall..........	1 (1903)	1	1	Idem.
As. asinus (var. pygmée) L...	4 (1903)	4	4	Idem.
E. przevalskii Pol..........	14 (1901)	3	15	Idem.

3° ESPÈCES EN RÉGRESSION.

NOMS DES ESPÈCES.	INDIVIDUS IMPORTÉS.	NÉS.	PRÉSENTS en NOV. 1906.	LIEU DE SÉJOUR, ETC.
Cervus xanthopygus A. M. Edw.	24 (1896)	37	2 (19)	Dans enclos herbeux.
C. Canadensis Erxl.........	76 (1893)	32	5 (2)	Idem.
C. Canad. asiaticus	37 (1896)	33	9	Idem.
C. bactrianus.............	8 (1899)	1	1 (3)	Idem.
C. Sambur unicolor (var.)....	19 (1896)	9	2 (6)	Idem.
Hippelaphus moluccensis Q. et G	15 (1894)	4	6 (2)	Idem.
C. Alfredi Sclat...........	2 (1899)	»	1	Idem.
Rucercus Eldii Guth.......	46 (1896)	28	27	Dans enclos herbeux avec abri.
Dama mesopotamiæ Broo	3 (1903)	»	1	Des femelles seulement ont été importées.
Connochætes gnu Zim.......	4 (1896)	1	2	Dans enclos herbeux avec abri.
Saïga tartarica L..........	19 (1902)	12	3	Six sont morts en hiver, refusant de manger du foin et des céréales.
Giraffa camelopardalis L	4 (1902)	»	2	Dans une cour herbeuse, en été, dans une étable chauffée, en hiver.
Ovis nahura Hod..........	20 (1893)	2	1	
Bos (Bubalis) depressicornis..	5 (1896)	2	3	Dans grand enclos avec abri.
Lama pacos L.............	6 (1900)	2	2	Dans le grand parc; mortalité due en partie au manque de nourriture en hiver.
Petrogale penicillata Gr.....	14 (1902)	1	2	Dans le grand parc; sont actuellement décimés par une maladie épidémique du foie qui semble être toujours mortelle.
Halmaturus ruf. benetti Wat..	26 (1894)	25	10	Idem.

NOMS DES ESPÈCES.	INDIVIDUS IMPORTÉS.	NÉS.	LIEU DE SÉJOUR, ETC.
			4° ESPÈCES ÉTEINTES.
Rangifer tarandus L.	25 (1894)	1	Ne vivent pas bien sur l'herbe; sont morts, bien qu'on leur ait donné de la mousse en abondance.
Alces machlis Og.	25 (1895)	″	Dans le grand parc où ils trouvaient des feuilles et des branches, mais très peu de bouleaux et de sapins; un seul a vécu plus d'un an.
Blastocerus paludosa Desm. . .	9 (1897)	1	Dans un enclos sablé.
Pudua pudu Mol.	4 (1903)	″	Dans enclos sablé avec abri pendant l'été; dans enclos avec étable chauffée pendant l'hiver.
Blastocerus campestris F. Cuv.	6 (1894)	″	
Mazama, sp. var. (*Brockets*) .	17 (1894)	″	
Cariacus macrotis Say	23 (1897)	″	
Capreolus caprea Gr.	93	″	Envoyés dans les bois où tous sont morts.
Capreolus mandchuricus.	23	″	
Strepsiceros capensis Har. . . .	4 (1899)	″	Dans enclos herbeux avec abri; une femelle a vécu cinq ans.
Antilope cervicapra Pal.	13 (1895)	13	Les jeunes, nés en hiver, sont morts de froid.
Hippotragus nige Har	4 (1895)	1	
Cephalophus grimmia L.	3 (1895)	1	
Cervicapra arundinum Bod. . .	2 (1896)	″	
ntilocarpa americana Ord. . .	14 (1895)	″	
Oryx leucoryx Pal	5 (1896)	″	
Bubalis bubalinus.	5 (1896)	1	
Tetraceros quadricornis Bl. . .	6 (1895)	″	
vibos moschatus Zimm.	2 (1899)	″	Ont vécu près de quatre ans
upicapra tragus Gr	7 (1894)	″	
azella subgutturosa Guld . . .	27 (1897)	″	
azella dorcas L.	2 (1897)	″	
apra falconeri Wag.	8 (1900)	4	
otragus goral Hard	13 (1897)	″	
is Ammon L.	15 (1901)	3	Dans cour avec rocher.
is tragelaphus Desm.	3 (1893)	″	Sont tombés malades du fourchet.

Ce tableau montre que, d'une façon générale, ce sont les Cervidés importés d'Amérique qui ont donné les moins bons résultats.

Toutes les espèces qui sont notées ici comme étant gardées dans des enclos avec abris sont nourries pendant toute l'année avec de l'herbe, du blé et autres céréales; pendant l'hiver on ajoute à leur ration du foin, du trèfle, des glands, des noisettes et des branches, pour l'écorce.

La plus grande mortalité est due au froid et à l'humidité, surtout pour les jeunes, ou au développement exagéré de parasites dans les poumons ou dans l'estomac. Il est à noter pourtant que les Axis, les Sambars, les Cerfs des marais de l'Inde, les Cerfs de Duvaucel et les Cerfs-Cochons paraissent réfractaires aux maladies parasitaires; aussi ce sont les espèces qui prospèrent le mieux à Woburn Abbey.

En somme, la vaste expérience d'acclimatation que le duc de Bedford poursuit à Woburn Abbey, depuis 1892, a porté jusqu'ici sur 1,600 Mammifères exotiques et sur leur descendance appartenant à 100 espèces différentes; à ces chiffres déjà si éloquents, il faut ajouter des représentants de 80 espèces ou variétés d'Oiseaux étrangers et dont il est impossible de donner le nombre exact d'individus.

Si nous ajoutons encore que le duc de Bedford conserve et obtient la reproduction d'espèces en voie d'extinction dans leur pays d'origine, tels que : les Élans qui ont donné, jusqu'en 1905, 34 petits, les Bisons d'Amérique, qui avaient donné 29 petits et les Cerfs du père David (*Elaphurus Davidianus*) qui avaient produit 38 petits. Si nous remarquons enfin que ces nombreuses naissances permettent au duc de Bedford d'enrichir chaque année les collections des Jardins zoologiques d'Angleterre et même celle de notre Jardin des Plantes, nous pourrons dire, en toute vérité que, non seulement l'acclimatation, mais encore la Zoologie proprement dite, doivent beaucoup au président de la *Société Zoologique de Londres* et à la duchesse de Bedford qui s'occupe également, avec intelligence et activité, des élevages de Woburn.

Parc et Muséum de Tring. — L'origine des collections zoologiques réunies à *Tring Park* remonte à l'époque de la jeunesse de sir Lionel Walter Rothschild, le fils aîné du grand banquier anglais, c'est-à-dire à une trentaine d'années. Tout enfant, en effet, Lionel Walter aimait à collectionner des Papillons et des Oiseaux qu'il trouvait en abondance dans les grandes propriétés que possède son père à Tring ou qu'il se procurait par le moyen d'achats. Peu à peu ses collections s'agrandirent dans de telles proportions qu'il conçut l'idée d'établir à Tring, aux portes du château paternel, un grand établissement scientifique, connu actuellement sous le nom de *The Museum*; en même temps il faisait dans le parc du château et dans une de ses dépendances, Dundale, quelques essais d'acclimatation.

En 1892 et en 1893, il s'adjoignit, pour étudier ses collections, deux savants allemands : le Dr Ernst Hartert comme « curator », puis « director » du *Museum*, s'occupant plus spécialement des collections ornithologiques, et le Dr Karl Jordan, comme « curator », pour les collections entomologiques. A la même époque, sir Lionel Walter Rothschild faisait un séjour d'études dans les universités de Cambridge et de Bonn; puis il ouvrait ses collections, de plus en plus libéralement, aux travailleurs et même aux simples curieux, et l'activité scientifique qu'il créait ainsi ne tardait pas à le conduire à la publication d'un périodique, *Novitates Zoologicæ*, dont le 12e volume a paru l'année dernière.

The Museum est divisé en deux sections. La première est un musée proprement dit, ouvert au public quatre fois par semaine et qui reçoit chaque année près de 30,000 visiteurs. Ce Musée renferme des collections plus ou moins complètes des différents groupes d'animaux généralement très bien naturalisés. Nous citerons seulement, au courant de notre visite : une des plus belles collections d'Anthropoïdes qui existent et dans laquelle se trouve le jeune Chimpanzé « Sally », avec lequel Romanes a fait ses expériences; un grand nombre d'espèces de Lémuriens parmi lesquels le *Propithecus majori* décrit par M. Rothschild; une collection complète des différentes espèces de Zèbres; un bel exemplaire de Couagga et un autre d'Okapi; un hybride de Lion et de Tigresse obtenu dans une ménagerie autrichienne; un grand nombre de Marsupiaux dont *Notoryctes typhlops*, petite espèce récemment découverte qui ressemble à nos Taupes et qui en a les mœurs; un certain nombre de Monotrèmes dont *Echidna nigropaculeata* du nord de la Nouvelle-Guinée qui n'est connu que par les deux spécimens de Tring.

Parmi les Oiseaux, nous remarquons toutes les espèces connues d'*Apteryx* et une magnifique collection de Tétraonides qui est sans doute la plus complète du monde et qui renferme, en particulier, nombre d'hybrides et de variétés. Enfin nous avons encore noté la présence d'une belle collection de Tortues géantes et deux remarquables spécimens de Régalecs (*Reg. argenteus*) dont un énorme qui atteint une longueur de 15 pieds, alors que sa plus grande épaisseur ne dépasse pas 3 pouces.

L'autre section du Museum, située à une des extrémités des galeries publiques, forme une charmante villa, couverte de verdure, qui est réservée exclusivement aux études scientifiques. Elle renferme d'abord une bibliothèque de 12,000 volumes environ, puis, en tiroirs, de très riches collections entomologiques et ornithologiques. Les Insectes sont représentés surtout par des Papillons placés dans des boîtes qui sont construites de telle façon que l'on puisse voir les deux faces des ailes sans avoir besoin de toucher aux exemplaires; ces boîtes ont en effet un couvercle et un fond en verre et les Insectes sont piqués sur des baguettes en bois tendre qui peuvent glisser dans les rainures que portent les parois latérales.

Les Oiseaux, en peau ou montés, et au nombre de 80,000, sont représentés surtout par des Paradisiers et par des Oiseaux-Mouches. Les Paradisiers, en particulier, forment une collection qui dépasse beaucoup, en richesse, celle du *British Museum* lui-même.

Les animaux vivants que possède M. Rothschild se trouvent à Dundale et dans de parc du château.

Dundale est une petite propriété, située à quelques minutes de marche du Museum; il s'y trouve un petit parc avec un vaste étang. Là un certain nombre de Palmipèdes se reproduisent chaque année, plusieurs hybrides y furent obtenus ainsi que quelques individus atteints de mélanisme et d'albinisme. Mais il n'y eut jamais là une véritable station de zoologie expérimentale, comme nous l'avions cru, et, quand nous y fûmes, c'est à peine si nous avons pu y voir quelques Canards nageant dans une eau claire envahie par des plantes aquatiques.

Les animaux que nourrit la vaste plaine ondulée située devant le parc du château de Tring ne sont pas davantage là pour l'étude. Ils sont représentés par un troupeau de 17 Emeus (*Dromæus*) et

par un autre de 15 Nandous (*Rhea americana* et *darwinii*) qui
vinrent curieusement à notre rencontre dès notre entrée dans le
parc. Plus loin (fig. 21) nous rencontrâmes, au bord d'une mare,
quelques Émeus isolés et, dans un pli de terrain, sur la droite,
une bande de Kangouroos qui, dressés sur leurs pattes pour
mieux nous examiner, se laissèrent ainsi approcher d'assez près
pour nous permettre de les photographier; nous reconnûmes le
Grand Kanguroo (*Macropus giganteus*) qui vit extrêmement bien
dans les plaines herbeuses du parc et le Kangouroo de Bennett (*M.*
ou *Halmaturus Bennetti*) qui affectionne surtout les parties boisées.
Continuant notre promenade, nous aperçûmes, au loin, un troupeau de 150 individus environ, comprenant des Cerfs du Japon
(*Cervus sika*) et de Cerfs Dama. Enfin, marchant vers la forêt
qui limite un des côtés du parc nous atteignîmes un enclos où
se trouvaient une Autruche avec ses Autruchons et une vaste faisanderie où l'on élève chaque année de nombreux Faisans et Perdrix
pour la chasse.

Les Kangouroos aussi bien que les Cerfs, les Faisans et les Perdrix cherchent et trouvent eux-mêmes, en pleine liberté, leur
nourriture. On ne les rentre jamais pendant l'hiver et c'est seulement quand la neige couvre la terre qu'on s'occupe d'eux pour
leur donner quelques aliments; seuls les Émeus et les Nandous
reçoivent de la nourriture supplémentaire toute l'année. Tous se reproduisent normalement et à l'époque de notre visite, le 25 juillet 1906, les femelles de Kangouroo avaient des jeunes dans
leur poche, un Nandou abritait 7 petits nés depuis 5 jours et
nous photographiâmes un Émeu mâle qui se faisait suivre par
son unique rejeton âgé de deux semaines. Nous ajouterons qu'à
Tring, comme partout en Europe, croyons-nous, une forte mortalité vient décimer les couvées de Nandous et d'Émeus; les
adultes, au contraire, résistent parfaitement à nos climats, mais
ils présentent parfois des phénomènes d'albinisme total dont nous
pûmes voir trois cas. Quant aux Cerfs et aux Kangouroos, ils
élèvent très bien leurs petits et la multiplication des Cerfs à
Tring est telle que l'on est obligé d'en sacrifier un certain nombre
chaque année.

L'on pouvait admirer encore l'année dernière, à Tring, un couple
de Chevaux de Przewalsky; malheureusement le mâle est mort depuis. La femelle saillie par un des étalons du duc de Bedford a

4.

donné naissance à un poulain qui est actuellement aussi grand que sa mère. Enfin, quand nous aurons encore cité une grande Salamandre du Japon, un certain nombre de Perroquets et quelques Marmottes (*Arctomys*), nous en aurons fini, croyons-nous, avec les animaux vivants actuellement à Tring-Park.

Nous terminerons cette partie de notre rapport en disant quelques mots des célèbres élevages que les Honorables Sybil et Florence Amherst font dans leur propriété de Didlington Hall à Brandon (Norfolk).

Lors de notre mission, que nous a si complaisamment facilitée Lady Florence Amherst, ces élevages comprenaient : un troupeau de 120 à 150 Bœufs de la race Red Polled, qui existe dans la propriété au moins depuis 1732; une cinquantaine de Coqs et Poules Dorkings gris argent, une des plus anciennes races connues puisqu'elle existait déjà à Rome au temps de Jules César, et chez laquelle il serait intéressant d'étudier la puissance héréditaire du cinquième doigt; des Coqs Orpington et Wyandotte argentés; des Oies d'Embden, des Canards Cayuga, des Canards de Roüen et de Pékin, des Dindons Bronze-Mammouth (dont le poids atteint 20 à 25 livres); des hybrides de Faisans et de Poules domestiques, etc. Enfin, toute une partie de la propriété était, par fantaisie, peuplée exclusivement d'animaux blancs : Coqs et Poules, Canards, Dindons, Oies, Poules blanches de Guinée, etc.

Nous aurions encore beaucoup de choses intéressantes à dire sur les si importantes fermes d'élevages de Faisans et de Perdrix (*Game Farm*) qui existent en Angleterre : à Liphook (Hants), à Great Missenden (Bucks) et à Harrietsham (Kent). Mais ce serait peut-être dépasser le cadre que nous nous sommes tracé.

C. FERMES D'ÉLEVAGES DE PAPILLONS.

On peut dire que l'Angleterre est vraiment le pays « des amoureux de la nature ». Alors que les grands propriétaires conservent, dans leurs parcs, comme nous venons de le voir, nombre de Mammifères et d'Oiseaux exotiques, on trouve presque partout, dans chaque agglomération quelque peu importante : un clergyman, un schoolmaster, un sollicitor ou tout autre personne qui passe une bonne partie de son temps à chasser, à collectionner des Papillons, des Coléoptères, des œufs d'Oiseaux, etc.

Parfois même, on a la chance de rencontrer, dans ce milieu, des observateurs intelligents de la nature, descendants directs des « curieux de la nature » du XVIIe siècle, ou même de véritables savants, comme nous le montrerons dans le chapitre suivant. Ces observateurs, manifestant naturellement les tendances propres à l'esprit anglais et utilisant les moyens d'action de notre temps, s'ingénient à trouver diverses manières d'observer le plus près possible les animaux sauvages dans leur milieu. Ils cherchent à imaginer des appareils leur permettant de surprendre ces animaux et de les photographier dans les manifestations variées de leur vie normale. C'est ainsi que nous avons eu l'avantage, lors de notre mission, de connaître les œuvres : de Oxley Grabham, du Museum de York; de E. Kay Robinson, auteur d'ouvrages de vulgarisation et éditeur du journal *The Country-Side;* de J. A. Metcalfe, de George W. Pearce, de R. B. Lodge et surtout enfin les travaux de R. Kearton, qui nous reçut si aimablement, ainsi que Mme Kearton, dans sa propriété de Caterham et avec lequel nous avons parcouru les bois de Birch et les collines environnantes, visitant ses installations particulières et ses points d'observation habituels.

A côté des observateurs, des chasseurs et des collectionneurs, et pour l'usage de ces derniers, on trouve en Angleterre, quelques personnes qui font un commerce d'élevage de Papillons dans des sortes de fermes qu'il était pour nous si intéressant de connaître.

Une visite à ces fermes devait compléter, en effet, les études que nous avions à faire des Jardins zoologiques et dans lesquels nous ne devions guère trouver que des Vertébrés.

La première ferme de Papillons fut créée en 1865, à Colchester, dans le comté d'Essex, par un ancien pharmacien anglais, W. H. Harwood. Notre première visite devait donc être pour cet établissement où nous fûmes reçu par M. Harwood lui-même qui, aidé de son fils, continue toujours ses élevages. Cependant sa ferme a beaucoup perdu de l'importance qu'elle eut autrefois, M. Harwood consacrant aujourd'hui une bonne partie de son temps à faire des collections d'Insectes de toute sorte pour les musées.

La ferme se compose actuellement d'un petit jardin, situé derrière la maison, et de quelques îlots d'élevage disséminés dans la campagne de Colchester. Un de ces îlots, le seul que nous ayons visité, comprend un carré d'une dizaine de mètres de côté dans lequel poussent nombre de plantes herbacées, disséminées au milieu de jeunes plants de chênes, de peupliers, de bouleaux, d'oseraies, etc. Ce seul îlot permet d'élever chaque année une centaine d'espèces différentes de Chenilles. Lors de notre visite, nous y avons trouvé des colonies de : *Vanessa urticæ*, *Liminitis sybilla*, *Sesia apiformis*, *Boarmia roboraria*, *Phorodesma bajularia*, *Abraxas grossulariata*, *Ptilodontis palpina*, *Thecla rubi*, *Bombyx neustria*, *Dicranura bifida* et *vinula*, *Herminia derivalis*, etc.

Voici comment fonctionnait cet élevage. Les colonies de Chenilles étaient entourées et protégées par des sacs de gaze épaisse, quand elles avaient dépouillé en grande partie les branches de leurs feuilles, on les transportait sur une autre partie de l'arbre qu'on entourait à nouveau de gaze; lorsqu'elles se métamorphosaient, on recueillait les chrysalides et on les transportait dans le jardin de la maison où se trouvait une installation très simple de petites boîtes *ad hoc*. Là les Papillons éclosent, sont nourris, quand il y a lieu, avec du sucre, des prunes ou des fraises, puis les femelles fécondées sont isolées dans de petites boîtes rondes en bois, semblables aux boîtes à pommade des pharmaciens et où l'on recueille les œufs. Ces boîtes, ainsi chargées, sont portées, à l'époque voulue, directement dans les champs d'élevage ou bien placées dans d'autres plus grandes où les Chenilles subissent leurs premières mues.

Ajoutons que M. Harwood n'est pas qu'un simple marchand de Papillons. On lui doit un Catalogue annoté de tous les Insectes du comté d'Essex et il possède une belle collection de Papillons et autres Insectes indigènes dans laquelle nous avons remarqué, en particulier :

Des variétés albinos de *Vanessa urticæ* obtenues dans son élevage, en juillet 1905;

Des variétés mélaniques de *Limenitis sibylla*, variétés du reste assez bien connues en France;

Des variétés mélaniques de *Boarmia roboraria*;

Des métis d'*Abraxas grossulariata lucticola* (*flavofasciata*) et *A. gr. lutea*;

Des *Polyommatus dispar*, espèce disparue d'Angleterre depuis une cinquantaine d'années.

L'exemple que Harwood avait donné en 1865 à Colchester ne tarda pas à être suivi et même amplifié quelques années plus tard d'abord par William Watkins, puis, plus récemment, par Newmann.

La ferme que Watkins avait créée à Eastbourne, sur la côte sud-est de l'Angleterre, n'existe plus aujourd'hui. Cette ferme, disent ceux qui l'ont visitée vers 1900, couvrait, tout près du rivage, dans un endroit abrité, une superficie de 4,000 mètres carrés. C'était un vaste jardin, rempli d'arbres et de fleurs, enfermé dans un immense grillage et où voletaient en liberté près d'un million de Papillons d'espèces variées.

Watkins est mort il y a quelques années et sa femme, qui demeure encore à Eastbourne, a abandonné complètement le commerce de son mari; du reste il y avait longtemps, nous a-t-on dit, que ce commerce périclitait.

Au contraire, la ferme que L. W. Newman a créée il y a six ans à Bexley (Kent) est aujourd'hui en pleine activité et peut être vraiment qualifiée de *largest Butterfly and Moth Farm in England*. Newman y élève, en effet, un nombre tel de Papillons, qu'il vend annuellement aux collectionneurs, aux Musées et aux écoles d'Angleterre et d'Amérique, de 30,000 à 40,000 Papillons préparés et plusieurs centaines de mille d'œufs, de larves et de chrysalides vivantes.

La ferme elle-même que nous avons visitée au commencement d'août se compose : 1° de parcs d'élevage pour les Chenilles, 2° de cages à chrysalides, 3° de cages à reproduction, 4° de boîtes à œufs.

1° Les parcs d'élevage pour les Chenilles comprenaient primitivement deux ou trois petits jardinets, entourant la maison d'habitation de M. Newman et dans lesquels poussent divers arbustes et plantes sauvages. Mais, le commerce s'augmentant, il fallut bientôt y adjoindre une annexe qui devint le parc principal d'élevage; c'est une partie boisée de *Park Wood* que M. Newman loua à l'Université d'Oxford, propriétaire de la plus grande partie de Bexley et de ses environs.

Ce parc d'élevage se compose d'une région en friche, à sous-sol caillouteux très perméable, longue de 80 yards sur 65 de large, couverte de grandes herbes, de fougères, de digitales, de genêts, etc., et dans laquelle s'élèvent, avec quelques grands arbres : des futaies de chênes, d'ormes, de peupliers, de bouleaux et d'autres jeunes essences forestières.

Dans ce parc, comme dans les jardinets de la maison, des Chenilles vivent librement sur les plantes qui leur conviennent; seulement, comme à Colchester, pour les protéger des Oiseaux et des parasites, on couvre la plante, ou la partie de la plante qui les supporte, d'une cage rigide de mousseline, ou bien on l'entoure d'un manchon de toile. C'est ainsi que nous représentons (fig. 22) une partie de l'élevage de Park Wood avec une manche de toile entourant un jeune Bouleau. Cette manche contenait plusieurs centaines de Chenilles de Papilionaria qui devaient passer ici tout l'hiver. Une autre photographie (fig. 23) montre un sac semblable contenant 200 Chenilles de *Papillio rubi* vivant sur un Laurier commun. Au milieu du parc se trouvait une grande cage grillagée, sorte de volière qui, avec une cage voisine encore plus vaste, sert à placer les espèces qui exigent l'air libre.

2° Primitivement, M. Newman laissait les chrysalides là où elles s'étaient formées, mais il s'aperçut bientôt qu'un grand nombre d'entre elles étaient mangées par les Souris. Aussi les recueille-t-il toutes maintenant en plaçant, par exemple, dans le fond des sacs de toile, des lits de mousse humide ou bien en cueillant les parties du végétal où elles se sont accrochées. Il les porte dans une sorte de serre située près de sa maison et les conserve dans de petites boîtes en bois ou dans des cages grillagées d'un fin tamis et contenant un fond de sable, de terre ou de mousse. (Fig. 24. Vue intérieure de la serre de M. Newman montrant, à gauche, une rangée de ses cages d'élevage.)

Des Papillons qui éclosent, M. Newman fait deux groupes : ceux du premier groupe, destinés à la vente, sont recueillis dans un flacon à large ouverture contenant au fond du cyanure de potassium recouvert d'une couche de plâtre et d'un lit de ouate. Le Papillon tombe endormi; on le tue aussitôt en plongeant dans son corselet une pointe d'acier imbibée d'acide oxalique et on le place sur l'étaloir. L'autre groupe de Papillons comprend les quelques individus que l'on réserve pour la reproduction. De ceux-ci, les uns demandent peu de soins; ce sont ceux qui s'accouplent et pondent presque aussitôt après être sortis de l'état de chrysalide, sans prendre de nourriture; M. Newman les place dans des petites boîtes de bois. D'autres qui, à l'état normal, vont butinant de

BIBLIOTHÈQUE DE LA VILLE (COMPIÈGNE)

Fig. 22 et 23. — Vue d'une partie de l'élevage de Papillons de M. Newman.

Fig. 24. — Serre d'élevage de Papillons de M. Newman.

Fig. 25. — Jardin d'expérience à l'Université de Cambridge.

E. LEROUX, *Edit.*

fleur en fleur, sont placés dans de grandes caisses, recouvertes de grillages et dans lesquelles on cultive des fleurs. Un troisième groupe enfin se compose de Papillons qui, comme les *Vanesse Io*, non seulement vivent tout l'été et tout l'automne, mais encore passent l'hiver en un état d'engourdissement et se réveillent au printemps suivant pour reprendre une nouvelle période de vie active; ceux-là, M. Newman les met de bonne heure dans de petites caissettes en bois couvertes d'une fine toile métallique sur laquelle il dépose une éponge imbibée de miel.

Dans ces différents milieux, les Papillons gardés pour la reproduction pondent bientôt; leurs œufs sont recueillis avec leurs supports et déposés sur la plante qui doit nourrir les jeunes Chenilles.

Disons en terminant que cet élevage ne donne qu'un déchet de 10 p. 100 des œufs pondus; alors qu'à l'état sauvage le centième, ou le cinquantième, arrive à donner l'insecte adulte. Si nous ajoutons encore que les dépenses nécessitées par cet élevage sont presque nulles, alors que le prix de vente varie de 0 fr. 10 à 1 fr. 50 pour les Papillons desséchés et étalés, de 0 fr. 30 à 1 fr. 80 pour la douzaine d'œufs; de 0 fr. 40 à 7 fr. 50 pour la douzaine de Chenilles, de 0 fr. 10 à 1 franc pour les chrysalides, on pourra se faire une idée des beaux bénéfices que peut donner un pareil commerce.

Nous ne pensons pas qu'il existe en Angleterre d'autres fermes de papillons, dignes d'être citées. Mais nous avons trouvé au *South-Eastern Agricultural College* établi à Wye (Kent) des élevages d'Insectes faits dans un but d'instruction. Ces élevages se composent d'abord d'un certain nombre de plantes, arbres, arbustes et herbes que l'on réserve, dans une des parties de la ferme de l'école, pour servir de nourriture et d'abri à certaines espèces nuisibles. Puis, dans les bâtiments mêmes du collège, on trouve un *Insectarium*, sorte de serre à Insectes analogue à celle d'Amsterdam que nous décrivons plus loin en détail.

D. STATIONS DE ZOOLOGIE
ET DE BIOLOGIE EXPÉRIMENTALE.

Comme nous devions nous y attendre, en visitant le pays de Bacon et de Darwin et comme nous le savions déjà, nous avons rencontré, au cours de notre mission, nombre de savants qui consacrent la plus grande partie de leur temps aux études de Zoologie expérimentale et de biologie. Nous avions du reste fait coïncider notre voyage avec l'époque où la *Royal horticultural Society* tenait à Londres une *International conference on hybridisation*, précédant de quelques jours le 76ᵉ meeting de la *British Association for advancement of Sciences* qui avait lieu à York.

Ces sociétés nous avaient fait l'honneur de nous inviter à leurs fêtes et à leurs réunions. Aussi ce fut pour nous une occasion exceptionnelle de trouver réunis la plupart des biologistes anglais dont nous désirions voir les champs d'expériences et visiter les installations pratiques. C'est grâce à ces circonstances que nous pûmes faire la connaissance de M. C. E. Hurst qui étudie l'hérédité de la couleur du poil chez les Chevaux et les Lapins, à Burbage, Hinckley, près de Leicester; celle de L. Doncaster qui vérifie les lois de Mendel en faisant des croisements de Rats albinos et de Rats gris, d'une part, et des croisements entre des variétés d'*Abraxas grossulariata* et d'*Angerona primaria*, d'autre part; celle de Woods qui fait les mêmes études sur des Moutons à Cambridge; celle de J. Lewis Bonhoote qui possède, dans sa propriété de Hemel Hempstead, environ 200 Canards avec lesquels il obtient de nombreux hybrides dont il étudie la fécondité, les variations, les mues etc; celle de F. Merrifield qui étudie à Brighton, les effets des changements atmosphériques sur la coloration des Papillons; enfin et surtout celles des professeurs Bateson et Cossar Ewart dont les expériences si importantes doivent nous arrêter un peu plus longtemps.

Bateson, de Saint John's College, à Cambridge, le distingué président de l'*International Conference of Hybridisation*, est un des savants anglais auquel les études de biologie expérimentale doivent le plus. En 1894, il publiait ses *Materials for study of variation*, et, quelque temps après, il commençait une série d'expériences sur les problèmes de l'hérédité, expériences qu'il poursuit encore aujourd'hui avec ses élèves.

Comme champ d'expérimentation, il se servit tout d'abord, exclusivement, de sa propriété de Merton house, située dans le village de Granchester, à 2 milles et demi de Cambridge. Dans cette propriété, dont la contenance totale est de 4 acres, les jardins servaient, lors de notre visite, à des expériences de croisement sur les Pois de senteur (*Lathyrus odoratus*) et une cour gazonnée était transformée en ferme d'élevage pour l'étude des lois de Mendel sur les Coqs; cette cour renfermait une trentaine d'enclos d'une contenance moyenne de 40 mètres carrés et dans chacun desquels se trouvait un petit poulailler mobile. Dans le voisinage, et comme annexe essentielle, était un petit parc à éleveuse et, un peu plus loin, une maisonnette contenant une série d'incubateurs Hearson.

Les premiers travaux de M. Bateson ne tardèrent pas à attirer sur lui l'attention de ses collègues de l'Université et de la *Royal Society*, qui, avec quelques généreux amis des sciences, lui ont permis, depuis, d'étendre ses recherches. Le *Botanical Gardens* lui a prêté deux de ses jardins et lui a fait construire une serre spéciale; la ferme de l'École d'agriculture de l'Université, *Burgoyne Farm*, située à Impington, et que nous avons également visitée, lui a donné le moyen d'utiliser une partie de ses terres; enfin ses crédits ordinaires d'Université et des subventions spéciales lui ont permis de grouper, autour de lui, un certain nombre de disciples, d'élèves ou de collaborateurs : miss Saunders que nous avons photographiée, en compagnie d'une visiteuse, dans un de ses champs d'expérience [1]; miss Durham qui poursuit parallèlement des expériences sur les Souris et sur les Serins; M. R. C. Punnett qui s'occupe plus spécialement de l'élevage des Poulets et de la culture des Pois; M. Richard Staples-Browne qui étudie, dans ses colombiers d'Oxford et de Cambridge, les croisements de diverses races de Pigeons, etc.

Le professeur J. Cossar Ewart, de l'Université d'Edinburgh, a consacré également une partie de son activité scientifique à l'étude expérimentale de certains problèmes de Zoologie et de Biologie générale.

Ses premiers travaux, dans cet ordre d'idées, ont été faits à Pennycuik (colline du Coucou), à une dizaine de milles au sud d'Edinburgh, dans une maison de campagne à laquelle attenait un grand herbage et un petit enclos. C'est alors qu'il acheta, à partir de 1895, trois Zèbres de Burchell, un mâle et deux femelles, un Cheval arabe et un certain nombre de Juments comprenant,

[1] Cette photographie est donnée ici (fig. 15) pour montrer tout à la fois les dispositions d'un jardin pouvant servir à l'étude des lois de Mendel sur les plantes aussi bien qu'à l'élevage des Chenilles.

L'eau de mer est puisée directement dans la baie et vient dans les bacs sans être filtrée ; de la sorte, nombre d'œufs ou de larves d'invertébrés passent dans les conduites, se fixent sur les parois de verre ou sur le fond et y achèvent parfois leur développement.

La baie de Port-Érin et les côtes de l'île de Man sont les endroits les plus favorables à l'étude de la faune de la mer d'Irlande. Aussi de nombreuses formes de Poissons peuvent se succéder dans l'aquarium de la Station et son incubateur peut élever chaque année de grandes quantités de Morues, de Merlans, de Plies, de Soles, etc.

Un certain nombre de savants viennent tous les ans étudier cette faune et entreprennent au laboratoire des recherches suivies. De plus la station a reçu en une seule année (1904) la visite de près de 11,600 étrangers, payant leur entrée.

Ce n'était pourtant pas, à la vérité, cette station qui nous attirait le plus particulièrement à l'île de Man. Baignée par le courant du Gulf Stream qui vient se jeter dans la Mer d'Irlande, cette petite île présente, en effet, entre autres particularités, cette curiosité zoologique de posséder une race de Chats plus ou moins complètement dépourvus de queue.

Les auteurs donnent très peu de renseignements sur cette race qu'on appelait autrefois : *Cornwall's cats* ; les descriptions qu'ils donnent de ces Chats ne concordent pas toujours au sujet de la couleur du pelage, par exemple, et aucune expérience, longuement suivie, n'a été faite sur l'hérédité du caractère négatif de la queue. C'est le désir de faire l'étude de cette hérédité, poursuivie à la lumière des lois de Mendel qui nous avait donné l'idée de profiter de notre mission pour acheter et rapporter, à notre laboratoire, un ou deux couples de ces Chats.

L'île de Man ne nous retenait pas autrement du reste. Croyant même pouvoir éviter ce voyage, nous nous étions adressé à Jamrak, le grand marchand d'animaux de Londres, pour qu'il nous procurât un couple de *Manx cats* ; mais le prix qu'il nous en demanda était si élevé (de 375 à 625 francs par individu) que nous résolûmes d'aller en chercher nous-même dans l'île et de profiter de notre séjour pour les étudier sur place. Ce fut, du reste, une heureuse idée, car nous apprîmes, au cours de ce voyage, nombre de choses fort intéressantes.

Le véritable Chat de l'île de Man, l'individu de race pure, est maintenant très difficile à trouver, du moins dans les ports où nous

Fig. 26. — ILE DE MAN. Vue prise sur le bord de la baie de Port-Erin.

Fig. 27. — Chatte anoure de l'île de Man.

Fig. 28. — Jeunes Chats métis de l'île de Man.

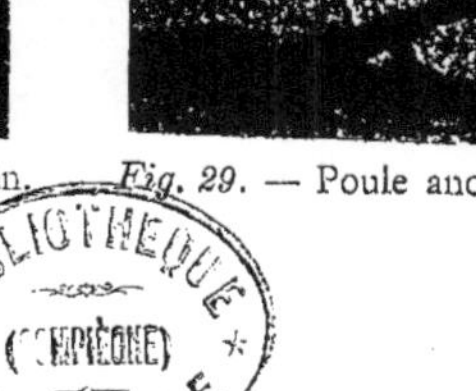

Fig. 29. — Poule anoure de l'île de Man.

. LEROUX, Edit.

BIBLIOTHÈQUE DE LA VILLE (COMPIÈGNE)

sommes allé : Douglas et Port-Erin. Si un *lecturer* de l'Université
de Liverpool, M. Montgomery, ne s'était pas mis fort aimablement
à notre disposition et surtout si nous n'avions pas trouvé l'aide
infatigable et l'appui si obligeant du Professeur Herdman, nous
aurions eu les plus grandes difficultés à découvrir ce que nous cher-
chions. Étant avec lui, nous avons même été obligé de parcourir
à pied, pendant deux jours, les environs du charmant petit pays
de Port-Erin. Nous sommes allé de maison en maison dans le
village si curieux de Craigneish, qui occupe probablement la place
même d'un village préhistorique et où les murs des maisons sont
encore, comme aux époques lointaines, construits en pierres sèches.
Nous avons frappé aux portes des fermes disséminées sur la pointe
sud de l'île, autour des restes d'une importante station préhistorique; enfin, après toutes ces démarches, nous avons trouvé une
Chatte, paraissant de race pure et étant dans un état de gestation
très avancé. Cette Chatte, âgée de 5 ans, provenait d'un père in-
connu et d'une mère noire sans queue. Elle avait donné, avec
des mâles de sa race, plusieurs portées de Chats semblables à leurs
parents et dont nous avons pu voir quelques-uns. Après de longs
pourparlers avec ses propriétaires qui ne voulaient pas la vendre,
ceux-ci s'y décidèrent enfin, tentés par le prix relativement élevé
que nous leur proposions.

Nous emportâmes donc notre Chatte, avec nous, pendant la dernière partie de notre voyage, à Liverpool, à Manchester, à Londres
et à Bristol, la mettant, lorsque c'était possible, en pension dans
les Jardins zoologiques que nous visitions. En cours de route elle
nous donna 4 petits dont 3 avec une longue queue, mais un
parfaitement anoure. Actuellement, elle est installée dans notre
laboratoire où elle élève très bien ses 4 petits. (Fig. 27. Chatte
anoure de l'île de Man. *Id.*, fig. 28. Deux jeunes Chats provenant
du croisement de la Chatte (fig. 27) et d'un Chat anglais (?).)

Depuis, nous avons pu lui adjoindre un Chat mâle blanc de
même race, né de père et mère sans queue.

Pendant notre séjour à l'île de Man, nous avons appris que le
pelage des Chats de race est fauve ou gris avec des raies ou bandes
de couleur plus foncée. Cette observation, faite par nous et confir-
mée par les renseignements pris par MM. Montgomery et Herdman près des indigènes, vient infirmer une partie de la description
du Chat manx, donnée par J. G. Wood, par Gerbe (*in* Brehm) et

par Ménegaux, qui décrivent cette variété comme un Chat noir à yeux glauques et qui lui attribuent toujours, Gerbe du moins, un moignon de queue que les Chats de race pure ne possèdent pas. Nous avons rencontré du reste des Chats noirs, blancs, jaunes et bigarrés, mais l'on nous a toujours affirmé que ce n'était pas là le type de la race pure.

Nous avons appris aussi que la langue manx, qui est un langage celtique, possède des expressions spéciales pour désigner les Chats anglais avec queue et les Chats de l'île de Man ; cette langue donne aux premiers le nom de *Famin* ou *Faman* (queue) et aux seconds le nom de *Keight*. (Ceci semblerait bien indiquer que l'existence de ces Chats sans queue remonte à une époque lointaine.) Les Anglais de l'île appellent les Chats de l'île de Man : *rumpy cats* ou *manx cats*.

Quant aux croisements de ces Chats avec les Chats anglais, nous en avons observé un cas intéressant ; c'était chez un fermier de Craigneish, M. Kelly, dont la Chatte anglaise, couverte par un mâle rumpy, avait donné 5 petits tous dépourvus de queue. Le caractère rumpy se présente donc ici comme dominant, alors qu'il apparaît comme dominé dans le cas de notre Chatte.

D'après le Dr Wilson, sur 23 petits provenant du croisement de Chattes anglaises avec des Chats manx, 17 n'eurent pas de queue, alors que, dans l'expérience inverse, tous les petits avaient une queue courte.

Harrison Weir cite plusieurs cas de croisement où il y eut toujours dominance du caractère sans queue.

Enfin nous avons rencontré, en Angleterre, des éleveurs qui refusent à l'absence de queue la valeur d'un caractère de race, parce qu'ils ont obtenu des petits, pourvus d'une longue queue, en croisant des *rumpy cats* entre eux.

Ces résultats, discordants en apparence, tiennent sans doute à ce que les observateurs n'ont pas fait leurs expériences sur des individus de race pure. Les lois de Mendel montrent, en effet, qu'un Chat complètement dépourvu de queue peut, en réalité, être un métis qui possède en puissance le caractère queue. La première chose à faire est donc de retrouver le type pur en croisant exclusivement entre eux les Chats anoures que nous possédons actuellement, et de chercher, en même temps, la signification du moignon de queue que présentent un certain nombre d'entre eux.

Ce moignon peut représenter en effet un stade de régression moins avancé, ou bien indiquer au contraire, un retour vers le type normal.

Notre séjour à l'île de Man nous a encore permis de faire une observation zoologique que nous n'avons pas trouvée signalée chez les auteurs : c'est que la race de Poules qui existe dans l'île, comme race indigène, est caractérisée par l'absence complète de croupion et de queue.

Ces *Rumpy hens* que l'on appelle en langue du pays : *Kark fous faman* (Poules sans queues) sont de couleur uniformément noire ou blanche (quelquefois grise). Elles tendent de plus en plus à disparaître parce que les fermiers les remplacent par des Poules anglaises qui, dit-on, sont meilleures couveuses. Le type de race pure est encore beaucoup plus rare que pour les Chats. Aussi est-ce à grand'peine que M. Herdman, toujours si obligeant, a pu nous en photographier une à Port-Erin. Par contre nous avons trouvé un grand nombre de métis pourvus de rectrices très courtes.

Fig. 26. Vue prise sur le bord de la baie de Port-Erin montrant un Chat de Man à queue tronquée, une Poule anoure indigène et une Poule anglaise. Fig. 29. Poule anoure de l'île de Man. (Clichés du professeur Herdman.)

III

IRLANDE.

1° Jardin zoologique de Dublin.

Le Jardin zoologique de Dublin appartient à *The Royal Zoological Society of Ireland*, fondée en 1830. Cette Société dont le but est de « former (et d'entretenir) une collection d'animaux vivants sur le plan de la Société Zoologique de Londres », comprend aujourd'hui (1906) 837 membres actifs, plus 44 membres correspondants et 15 membres honoraires. Elle est administrée par un conseil élu, composé de 24 membres dont : 1 président (*the Rt Hon. Jon. Hogg*, 1906); 5 vice-présidents; 1 secrétaire, R. F. Scharff; 1 trésorier, A. F. Dixon.

Ce conseil se réunit chaque samedi en un breakfast amical auquel nous avons eu l'honneur d'assister et publie annuellement, pour la séance générale de la Société, un Report souvent très intéressant. C'est le secrétaire qui est chargé du pouvoir exécutif; pour cela il est assisté de Miss Constance S. Cree.

Les recettes totales de la société se montaient, en 1905, à £ 4,502. 7. 7. Dans le détail de ces recettes, nous relevons les chiffres suivants :

	l.	sh.	d.
Entrées, payantes à la porte	2,490	9	8
Vente d'animaux	310	12	2
Revenu du restaurant	20	0	0
Promenades à éléphant et à poney	63	10	0
Cotisations des membres	662	15	0
Subvention du gouvernement	500	0	0

Le Jardin zoologique est administré, sous la direction effective du secrétaire, par un surintendant, ancien gardien de la paix, qui est logé au Jardin, et a sous ses ordres : 10 gardiens d'animaux, 1 gardien de nuit, 1 menuisier, 1 jardinier, 1 portier, et quelques jeunes garçons.

Les dépenses particulières du Jardin ont porté, en 1905, sur les chapitres suivants :

	l.	sh.	d.
Achats d'animaux	194	6	3
Vivres	804	13	6
Frais d'impression et de bureau	51	0	10
Publicité	104	2	6
Constructions et réparations	607	14	9
Eau	99	6	10
Salaires	1,099	14	0
Chauffage, éclairage, etc	426	7	8
Dépenses totales	3,387	6	4

Le Jardin zoologique de Dublin, ouvert tous les jours de 9 heures du matin au coucher du soleil, forme une sorte de dépendance du magnifique *Phœnix Park,* situé à l'ouest de la ville. Il a une forme allongée mesurant 1,600 pieds dans sa plus grande longueur et 700 dans sa plus grande largeur, mais la moitié ouest du Jardin est occupée par un grand et bel étang où conduisent de larges pentes gazonnées, couvertes d'arbres et d'arbustes. Le reste du Jardin comprend surtout des pelouses avec quelques arbres, mais peu de fleurs; on y trouve une maison pour le surintendant, un restaurant et un certain nombre de constructions, parcs, volières, etc., dans lesquels vivaient 711 animaux :

215 mammifères représentant 90 espèces différentes.
408 oiseaux — 113 —
15 reptiles — 7 —
4 batraciens — 2 —
69 poissons — 12 —

Sur ce nombre, 217 animaux ont été donnés et 120 achetés, en 1905.

Les Primates sont représentés surtout par des Cercopithèques d'espèces relativement communes et par quelques Lémuriens. Ces Mammifères sont placés, pour la plupart, dans une maison largement aérée dont la disposition rappelle, en plus petit, celle de la maison des Singes du Jardin de Londres. C'est dans un coin de cette maison que la Société fait construire actuellement, pour les Anthropoïdes, quatre grandes cages communiquant entre elles et dont deux s'ouvrent sur le Jardin où elles reçoivent librement l'air et le soleil du midi; les deux autres donnent dans l'intérieur de la maison dont elles sont séparées, en réalité, par une grande baie vitrée. Ces cages sont élevées de 1 mètre au-dessus du sol, le dessous formant une sorte de cave où passent les canalisations d'air chaud; le plancher est en bois imprégné de cire dissoute dans du pétrole; les cloisons sont creuses, de manière à permettre la circulation de l'air chaud; le toit est percé de larges fenêtres et la partie supérieure de la cloison qui sépare les cages extérieures des cages intérieures est elle-même en verre. Disons enfin, à propos des Singes, que le Jardin a commencé en 1905, sur l'élevage de ces animaux en captivité, une expérience qui promet d'être des plus intéressantes et que nous nous proposons de suivre attentivement.

Les Carnivores, au nombre d'une soixantaine, sont disséminés dans dix constructions différentes, au moins. La plus importante est la Maison des Lions, construite en 1901 et appelée *Lord Roberts' House* du nom de l'un des anciens présidents de la Société. Cette maison qui n'a guère coûté plus de 100,000 francs (fig. 30, pl. XIII) a été bâtie et aménagée d'après les données prises dans les premiers Jardins d'Europe et d'Amérique. Elle se compose d'un corps de bâtiment principal renfermant une vaste salle, large de 6 à 7 mètres, couverte en verre et à droite et à gauche de laquelle sont disposées les cages (fig. 31). Chacune de celles-ci a une largeur de 3 m. 20, une profondeur de 2 m. 60 et une hauteur de 2 à 2 m. 70; la moitié supérieure de la paroi du fond est en briques rouges, la moitié inférieure en briques de porcelaine blanche; le bas des côtés est en bois peint en noir, le haut en tôle peinte en ocre; le plafond et le devant sont grillagés; le plancher, élevé de 1 mètre au-dessus du sol, est en bois et incliné vers une large gouttière d'écoulement placée devant les loges.

Cette nouvelle maison des Lions est complétée par trois ou quatre grandes cages extérieures et par une annexe latérale qui conduit à l'ancienne maison servant maintenant de *nursery*. C'est dans cette dernière que s'est toujours fait cet important élevage des Lions qui a rendu et rend encore célèbre le Jardin de Dublin et sur lequel nous croyons intéressant d'apporter quelques détails, en partie inédits.

Les commencements de cet élevage datent de 1855, époque à laquelle le Jardin acheta un couple de Lions du Natal qui devinrent les ancêtres de toute une série de générations de Lions irlandais. Trois ans après son arrivée à Dublin, en 1858, ce couple produisit, en effet, une première portée, comprenant un seul Lionceau; la même année, une seconde portée donna cette fois 4 petits et l'année suivante, en 1859, une troisième portée de 5. C'est à cette dernière portée qu'appartenait une Lionne célèbre à Dublin, *Old Girl* ou *Henriette*, qui vécut au Jardin 16 ans et y mourut après avoir donné 55 petits en 13 portées. Voici le détail de ces portées que nous avons relevées en mettant en évidence le sexe des produits et la désignation du père :

1859, 8 septembre, naissance.
1860, impubère.
1861, accouplée avec son père.
1862, 8 juillet,   donne 3 petits, dont 0 mâle et 3 femelles.
1863, 3 août,   — 4   — 1   — 3 —
1864, 2 avril,   — 5   — ?   — ? —
1865, accouplée avec un frère de père (*Old Charley*).
1866, 3 octobre,   donne 4 petits, dont 2 mâles et 2 femelles.
1867, 16 juin,   — 5   — 2   — 3 —
1868, 4 janvier,   — 6   — 5   — 1 —

Fig. 30. — DUBLIN. Vue extérieure de la maison des Lions.

E. Leroux, Édit.

Fig. 31. — Dublin. Vue intérieure de la maison des Lions.

Fig. 32. — Dublin. Un des produits des élevages de Lions irlandai

E. Leroux, *Edit.*

1868, 13 août,   donne 5 petits, dont 2 mâles et 3 femelles.
1869, 18 avril,   — 5   — 3   — 2 —
1870, 12 février,   — 6   — 4   — 2 —
1870, 9 octobre,   — 4   — 4   — 0 —
1872, 10 mars,   — 3   — 2   — 1 —
1872, 23 décembre,   — 3   — 2   — 1 —
1873, 23 octobre,   — 2   — 0   — 2 —
1874.
1875, 1ᵉʳ octobre, mort.

    Totaux. 55   27   23

        (plus 5 de sexes non reconnus.)

Jusqu'en 1885, cette maison avait vu naître ainsi 131 Lionceaux provenant de 4 Lions et de 9 Lionnes; 21 de ces Lionceaux moururent à la naissance ou pendant l'élevage par la mère, 13 moururent après; 89 furent vendus pour une somme totale de £ 3,247.10 (soit une moyenne de £ 36 chacun), 5 furent gardés pour la reproduction et 3 eurent une destinée que nous n'avons pu suivre. C'est vers la fin de cette époque que naquit une autre Lionne, *Queen*, dont nous avons pu relever également la descendance :

1883, accouplée avec *Young Charley*.
1884, 7 février,   donne 3 petits, dont 2 mâles et 1 femelle.
1885, accouplée avec un autre mâle, *Paddy*.
1885, 2 avril,   donne 4 petits, dont 3 mâles et 1 femelle.
1885, 5 novembre,   — 4   — 2   — 2 —
1886, 6 novembre,   — 4   — 2   — 2 —
1887, 5 août,   — 4   — 5   — 0 —
1888, 21 juin,   — 2   — 1   — 1 —
1889, 26 juin,   — 2   — 1   — 1 —
1890, 2 juillet,   — 2   — 0   — 2 —
1891, 27 mai,   — 3   — 1   — 2 —

    Totaux. 28   17   12

De 1874 à 1878, il y eut, dans ces élevages, une interruption de naissance due à ce que le seul mâle gardé pour la reproduction n'était pas alors pubère. Bientôt les naissances reprirent leur cours normal jusqu'en 1893 ou 1894. Mais, à partir de cette époque et pendant cinq ou six ans, il se produisit une diminution de plus en plus grande des naissances sans qu'on puisse attribuer, à ce phénomène, une autre cause que la faiblesse des procréateurs. Or,

pour les petits Carnivores, placés alors dans la maison des Singes. C'est un bâtiment demi-circulaire (fig. 34) qui renferme 18 petites cages que l'on peut transformer en 9 grandes, au moyen de cloisons mobiles. Ces cages sont ouvertes en dehors sur une galerie couverte pour les visiteurs; elles donnent, en dedans, sur un couloir parallèle pour le service des gardiens. Chacune d'elles, élevée de o m. 90 au-dessus du sol, est couverte en verre et planchéiée de bois enduit de ciré comme pour les cages des Anthropoïdes; elle renferme, pour le repaire des animaux, une logette à circulation d'air, suspendue contre une des cloisons, à o m. 30 ou o m. 40 au-dessus du plancher; l'ouverture de cette logette, qui peut être fermée ou ouverte de l'intérieur, par les gardiens, est pourvue d'une planchette de saut pour les animaux.

La maison des Herbivores, située un peu plus loin, du même côté, a été construite en 1899. Elle résume, dans ses dispositions, les observations et expériences accumulées depuis nombre d'années; aussi peut-elle être donnée actuellement comme modèle pour toute construction semblable. Elle se compose d'une série d'étables à sol cimenté communiquant avec des enclos extérieurs qui, comme les étables elles-mêmes, sont élevés de o m. 30 au-dessus du sol environnant.

La maison des Lamas et des Chameaux, construite en 1897 et à laquelle on a ajouté depuis une partie vitrée pour les Girafes, renferme sept à huit étables disposées en croix et communiquant chacune avec un enclos extérieur. Deux de ces étables sont spécialement aménagées pour y recevoir les femelles en gestation ou les animaux malades; des Lamas et des Chameaux s'y sont reproduits plusieurs fois.

Les Rongeurs sont placés dans de vastes enclos rocailleux, pourvus d'abris sous verre et creusés de terriers artificiels dans lesquels se reproduisent fréquemment des Marmottes des prairies. Par contre les Agoutis se portent mal dehors et ne donnent des jeunes que dans une maison chauffée. Les Kangouroos qui se reproduisent également dans le Jardin et y forment parfois des hybrides sont placés dans des cages relativement petites, sur un des côtés du restaurant. Chacune de leurs cages est surélevée de o m. 30; elle se compose de trois parties : au fond une retraite obscure pouvant être fermée par une porte en bois; au milieu, une partie moyenne couverte, renfermant une large table basse sur laquelle on leur donne leur nourriture (fig. 35); sur le devant, communiquant entièrement avec la précédente, une cage extérieure grillagée, exposée librement aux vents de l'est, couverte en verre et contenant une auge pour la boisson; le sol de cette dernière partie est cimenté et couvert de paille, celui des deux précédentes est planchéié et reste nu.

Enfin nous citerons encore, parmi les Mammifères les plus curieux, une colonie de Porcs-épics canadiens (*Erithrizon dorsatus*) qui grimpent très facilement dans l'arbre mis à leur disposition et où ils passent toute la journée; ces animaux viennent se refugier, le soir, dans de petites cabanes suspendues autour du tronc, à quelque distance de terre.

Les Oiseaux, les Reptiles et les Poissons du Jardin de Dublin ne nous ont présenté rien de bien particulier à noter, en ce qui concerne les espèces exposées ou leurs habitations. Pourtant nous avons admiré une grande et belle volière élevée récemment au bord du lac. Nous avons remarqué également que des Perruches, des Perroquets, des Aras, des Grues, des Sarrus, vivent ici toute l'année, comme à Londres, dans une volière non chauffée.

Notons enfin qu'un certain nombre d'Oiseaux, que l'on garde autre part, dans des enclos ou dans des volières, sont laissés ici en complète liberté. Et ce n'est pas une des moindres beautés de ce jardin de voir des Aigrettes, des Pélicans, des Flamans, des Grèbes, des Hérons, des Cygnes, des Canards, des Poules d'eau, des Mouettes, des Bernacles, etc., sillonner les eaux de son grand étang et venir se reposer sur ses bords, ou bien encore de rencontrer sur les pelouses ou dans les allées : des Rheas, des Emeus, des Paons, des Grues, des Oies, etc., qui viennent sans crainte vers le promeneur lui quémandant, parfois même avec trop d'insistance, quelques miettes de pain.

2° Parcs privés.

Nous n'avons trouvé, en Irlande, aucun établissement zoologique privé comparable à ce que nous avions vu en Angleterre. Certains parcs, contenant des animaux sauvages, méritent cependant d'être signalés.

C'est tout d'abord celui de Colebrook, à Brookelborough (comté de Fermanagh) qui appartient à Sir Douglas Brooke. Ce parc ren fermait autrefois une importante collection de Cervidés vivants, actuellement disparue; on y trouve aujourd'hui des Rhéas de l'Amérique du Sud, qui, du reste, y prospèrent très bien.

A Powerscourt (Enniskerry), le vicomte Powerscourt introduisit, pour la première fois en Europe, en 1858, des Cerfs Sika du Japon; ces animaux se reproduisirent dans le parc et le propriétaire en propagea l'espèce dans d'autres parcs du royaume, notamment dans celui du duc de Bedford.

Enfin nous citerons encore, pour en terminer avec l'Irlande, les noms de Lord Ardilaun et de Lord Kenmare qui conservent dans leurs forêts de Killarney (comté de Kerry) les derniers représentants des Cerfs Elaphes, si répandus dans l'île, il y a deux cents ans.

IV

BELGIQUE.

1° Jardin zoologique d'Anvers.

Des quatre Jardins zoologiques belges qui avaient été créés, au siècle dernier, par des sociétés particulières, le Jardin d'Anvers a seul survécu. Le jardin de Bruxelles a été transformé en 1879 pour devenir le Parc Léopold; celui de Gand a été fermé et celui de Liège a disparu lors des travaux de l'Exposition internationale de 1905.

Le Jardin zoologique d'Anvers, qui a été installé en 1843, appartient à la *Société royale de Zoologie d'Anvers,* société par actions qui a pour objet, disent les statuts :

« *a.* D'exploiter le Jardin zoologique et botanique existant actuellement à Anvers dans la cinquième section de la ville, chaussée de Borgerhout, à côté de la station du chemin de fer, ses bâtiments, son mobilier, ses collections d'animaux vivants et empaillés; de former une bibliothèque d'ouvrages de science; de créer de nouvelles collections d'objets d'histoire naturelle, de botanique et d'ethnologie; d'ériger les bâtiments qui seront nécessaires pour abriter les collections et animaux et pour orner les jardins.

« *b.* De faire le commerce, en achetant et vendant aux conditions à déterminer par son conseil d'administration tous les objets dépendant où devant faire partie de ses collections zoologiques et autres.

« c. D'acclimater les animaux et plantes, de propager ainsi, d'une manière agréable, le goût et les connaissances de l'histoire naturelle, d'en faciliter l'étude aux membres de la Société ainsi qu'aux artistes et aux élèves de l'Académie royale des Beaux-Arts et autres institutions d'enseignement. »

La bibliothèque prévue par les statuts n'est pas encore formée et les travaux de la Société n'ont donné lieu à aucune publication (à notre connaissance du moins), ni même à aucun rapport de fin d'année. Pourtant cette Société a installé, au premier étage de son palais des fêtes, un musée de la faune belge dans lequel nous avons remarqué, en particulier : trois variétés de Taupe commune dont 2 blanches, 2 variétés de Hérissons, 3 variétés de Lapins sauvages sur 5 que possède la Belgique, 1 variété noire de l'Écureuil commun, enfin 6 spécimens de Combattants (*Machetes pugnax* Briss.) montrant 6 plumages différents de mâles tués pendant l'été. Nous y avons trouvé encore des représentants d'espèces disparues récemment de Belgique, telles que le grand Coq de bruyère, l'Outarde barbue, le Héron blanc, ou presque disparues comme le *Corvus corax*.

La Société comprend actuellement (avril 1906) 7,800 membres. Elle est administrée par un Conseil de 5 membres nommés et révocables par l'assemblée générale et parmi lesquels sont choisis : un président (actuellement M. Albert Thys), un vice-président, un trésorier et un secrétaire. Ce Conseil se réunit au moins une fois tous les deux mois. Il est spécialement chargé, concurremment avec le directeur gérant du Jardin, de tout ce qui concerne la vente, l'achat et les échanges d'objets d'histoire naturelle et autres formant les collections de la Société. Les opérations sont, du reste, contrôlées par un comité, composé de cinq commissaires, nommés et révocables par l'assemblée générale.

Les recettes de la Société se sont élevées, pour l'année 1905-1906, à 993,025 francs dont le détail suit :

Cotisations des membres	359,789 francs.
Cartes d'entrée pour les étrangers	187,439
Vente de lait et de beurre	53,918
Promenades à éléphant, poney, etc.	2,917

Vente de fumier 1,650
Location des restaurants et de propriétés 70,762
Vente d'animaux [1] 286,144
Recettes diverses 30,406

Le Jardin est géré par un directeur (actuellement le Dr Michel
L'hoëst), nommé et révoqué par l'assemblée générale au scrutin
secret, sur les propositions du Conseil d'administration. Ce directeur, qui a un traitement de 12,000 francs et est logé, a
la surveillance générale du Jardin et de tous les locaux. Il est
chargé de la conservation et de l'entretien de toutes les collections de la Société et doit spécialement veiller à l'exécution du
règlement d'ordre intérieur et de toutes les mesures arrêtées par
le Conseil d'administration. Il a sous ses ordres tous les employés
de l'établissement dont il propose au Conseil d'administration la
nomination ou la révocation : 1 secrétaire comptable (traitement :
6,000 francs); 2 commis de bureau (l'un à 375 francs par mois,
l'autre à 175 francs); 1 naturaliste chargé du classement et de
l'arrangement des pièces du Musée (4,000 francs); 1 inspecteur
général pour le Jardin (4,000 francs); 2 chauffeurs (4 fr. 25 par
jour); 1 mécanicien (175 francs par mois); 1 électricien (175 francs
par mois); 1 portier (5 francs par jour); 3 commissionnaires
(5 francs par jour, chacun); 32 gardiens d'animaux (de 4 à 5 francs
par jour, chacun); 6 gardiens chargés plus spécialement de la
laiterie (de 4 à 5 francs par jour, chacun); 2 menuisiers (4 fr. 50
par jour); 4 peintres (4 fr. 50 par jour); 1 plombier (4 fr. 50
par jour); 1 maçon (4 fr. 50 par jour); 1 jardinier chef, logé et
chauffé (traitement 3,500 francs); 1 jardinier sous-chef (5 francs
par jour); 9 jardiniers (de 3 fr. 75 à 4 fr. 50 par jour, chacun);
2 surveillants pour le Jardin (de 4 francs à 4 fr. 50 par jour chacun); 5 surveillants pour le palais des fêtes (de 4 francs à 4 fr. 50
par jour, chacun); 1 garçon de bureau (3 fr. 75 par jour); 1 sellier
(5 fr. 50 par jour); 1 veilleur de nuit (4 fr. 50 par jour); 5 jour-
naliers (3 fr. 50 par jour); 1 guichetière (3 fr. 50 par jour);
2 employées à la laiterie (3 fr. 50 par jour); 1 vendeuse de cartes
postales (3 fr. 50 par jour); 4 employées aux w.-c. et 4 journa-
lières (3 fr. 50 par jour).

Ces employés ont droit, ainsi que leurs femmes et leurs enfants,

[1] De grandes ventes publiques ont lieu en avril.

aux soins gratuits d'un médecin qui reçoit de la Société une indemnité annuelle de 2,000 francs. Ils peuvent jouir, après 30 ans de service consécutif, d'une pension de retraite équivalente à la moitié du traitement pendant la dernière année de service, sans toutefois que cette pension puisse dépasser 1,500 francs. En cas de décès, la pension peut, exceptionnellement, être continuée à la veuve et aux orphelins.

Ajoutons enfin que la Société donne une allocation de 1,200 francs au vétérinaire chargé d'une visite quotidienne au Jardin.

L'ensemble des salaires fournit un total de 158,347 francs pour l'exercice 1905-1906. Des autres dépenses nous citerons seulement :

Entretien et amélioration des locaux.............	46,236 francs.
Entretien du jardin.........................	4,715
Nourriture des animaux.....................	126,261
Achat de plantes et arbustes	7,638
Chauffage, éclairage, eau...................	28,345
Frais de bureau...........................	6,957
Achats d'animaux.........................	315,371

Le Jardin, situé dans l'intérieur de la ville, occupe une surface, à peu près plane, de 10 hectares. Il a de vastes pelouses, ornées de massifs de fleurs, d'arbustes et de grands arbres, deux grands étangs pour les Oiseaux aquatiques et plusieurs petits bassins. De place en place, s'élèvent des statues : le monument de Darwin, le groupe de Prométhée, un groupe d'Indiens revenant de la chasse, un cavalier attaqué par des Jaguars, etc.

La plupart des grandes constructions sont situées en bordure du Jardin, et rappellent, par leurs styles différents, le pays d'origine des animaux qu'elles abritent.

Enfin un large espace réservé aux jeux, avec des appareils de gymnastique, mis gratuitement à la disposition des enfants, de beaux cafés et restaurants, un jardin d'hiver et un magnifique palais des fêtes (qui occupe 4,500 mètres carrés et a coûté environ 1,300,000 francs) contribuent à faire du Jardin d'Anvers un lieu d'attractions dont les éléments, quoique un peu disparates, forment néanmoins un ensemble de haute allure, très apprécié de la société anversoise.

Le nombre d'animaux existant dans le Jardin, lors de notre

visite en octobre, était de 3,500 environ. Ce nombre varie constamment du reste, à cause du commerce actif qui se fait ici. Au mois d'août, par exemple, les volières et les magasins de réserve du Jardin renferment souvent de 50,000 à 60,000 petits Passereaux exotiques qui sont achetés ensuite par les marchands et les amateurs.

La plupart des animaux du Jardin proviennent d'achats faits aux capitaines de navires ou aux matelots qui viennent des Indes, d'Afrique, d'Amérique, etc.; à Anvers ils sont achetés directement par M. L'hoëst; à Marseille les achats sont faits par l'intermédiaire de M. Auguste Charbonnier, et à Bordeaux par celui de M. Marius Casartelli.

Les Singes, au nombre de 3oo (dont une grande partie est placée dans des réserves cachées au public), sont, avec quelques autres Mammifères, installés dans une grande maison, éclairée par le haut et bordée, du côté sud, par une grande cage extérieure d'un bel effet. Cette maison se compose d'une vaste salle centrale contenant 5 cages octogonales isolées et, sur les côtés, un certain nombre de cages latérales séparées du public par des glaces.

Nous y avons remarqué d'abord deux jeunes Orangs-outangs et deux jeunes Chimpanzés vêtus de vestes rouges ou bleues, mais paraissant en bien moins bonne santé que ceux de Manchester et de Bristol [1]; du reste, à l'exception d'un Chimpanzé qui a vécu ici 9 ans, on ne peut conserver les Anthropoïdes que quelques mois (six mois, à deux ans) au Jardin d'Anvers; ils y meurent le plus souvent d'affections du tube digestif, non pas toujours tuberculeuses.

Il y avait aussi, dans la maison des Singes, une trentaine de jeunes Cynocéphales, seuls Singes qui sortent dans la cage extérieure, et encore seulement pendant l'été; il y a quelques années des Lémuriens seraient morts de froid, paraît-il, pour être restés dehors trop longtemps, à l'automne.

Les autres cages renfermaient quelques représentants intéressants de Cercopithèques, de Cynopithèques, de Colobes et de Makis. Une cinquantaine de ces derniers se trouvaient en un autre point du Jardin, dans une sorte de grande volière à l'air libre.

[1] Les Orangs-Outangs dorment ici, par terre, sur une couche de foin; les Chimpanzés sur une planche élevée au-dessus du sol.

Le palais des grands Carnassiers du Jardin d'Anvers est une construction monumentale, d'aspect assez lourd, mais très luxueuse. Aux deux extrémités, de vastes ouvertures encadrées de Lions-cariatides, donnent accès dans une vaste galerie à double rangée de colonnes supportant un assez beau plafond; au milieu de la paroi ouest s'élève une vasque en marbre, ornée de plantes vertes et une série de bustes des anciens directeurs. Tout le long de la paroi est se trouvent les cages des Félins, éclairées par le haut et présentant une disposition analogue à celles de la maison des Lions de Dublin; elles communiquent, mais non librement, avec des cages extérieures dont trois grandes sont en forme de rotonde. (Ces cages sont lavées à grande eau tous les jours.) Les Lions et les Panthères qu'elles renferment s'y reproduisent assez souvent, mais beaucoup moins régulièrement qu'à Dublin et à Bristol; par contre, un couple de Jaguars donne régulièrement, depuis 6 ou 7 ans, un petit chaque année.

La nourriture des Lions adultes se compose ici de 9 kilogrammes de viande par jour pour un mâle et de 4 kilogr. et demi pour une femelle; celle des Tigres : de 7 kilogrammes pour les mâles et 5 kilogrammes pour les Tigresses; celle d'un Jaguar et d'un Puma, de 2 kilogrammes; celle d'une Panthère de 1 kilogr. et demi. Cette nourriture se compose habituellement de viande de Cheval, mais on la remplace, une fois par semaine, par de la viande de Mouton ou de Bœuf qui, dit-on, leur donne un embonpoint qu'ils n'auraient pas avec une alimentation exclusive à la viande de Cheval. Ajoutons que les grands Félins jeûnent entièrement chaque samedi.

Pour les Ours, le Jardin a abandonné heureusement le système antique des fosses profondes, humides et mal éclairées que l'on rencontre encore à peu près partout. On a mis ces animaux dans de belles et grandes cages à air libre, couvertes ou encadrées de verdure. Il y avait là 8 Ours blancs dont 5 jeunes, 2 Ours bruns, 1 Ours Grizly, 3 Ours noirs (*U. americanus*), 1 ours à grandes lèvres (*U. labiatus,* de l'Inde et de Ceylan), 1 Ours isabelle (*U. isabellimus* Horsf.) de l'Himalaya et un 1 Ours cannelle de l'Amérique du Nord.

Les Girafes et les Dromadaires sont placés, en compagnie de Zèbres, d'Hémiones et d'Anes sauvages, de Tapirs et d'Éléphants dans un temple égyptien dont la façade majestueuse et les lignes

Fig. 35. — DUBLIN.
Installation pour la nourriture des Kangouroos.

Fig. 36. — ANVERS. Maisons des Eléphants.

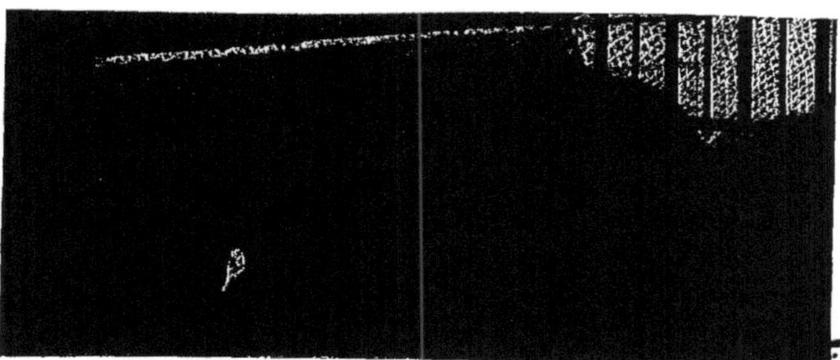

Fig. 37. — ANVERS. Jeune Hippopotame né au jardin.

. LEROUX, *Edit.*

BIBLIOTHÈQUE (COMPIÈGNE) DE LA VILLE

architecturales, d'une grande pureté de style, en font un des plus beaux édifices du Jardin (fig. 36). Les murs extérieurs et le péristyle de ce palais sont couverts de peintures égyptiennes représentant des théories d'habitants des contrées tropicales venant offrir, à la ville d'Anvers, les exemplaires les plus caractéristiques de la faune de leur pays.

A l'intérieur, des cages latérales bordent un vaste hall éclairé par le haut. Seules, les deux Girafes sont isolées par des cloisons en verre qui permettent de donner à leurs salles la température voulue. Les Girafes se sont quelquefois reproduites ici, mais rarement, car les jeunes sont très souvent atteintes de rachitisme, affection qui se traduit par une inflammation chronique des articulations.

Les Éléphants sortent plusieurs fois par semaine pour promener les enfants.

Le palais des Hippopotames est un vaste bâtiment isolé, largement éclairé sur les côtés et par le haut. Il renferme 3 grands bassins intérieurs, profonds de 2 m. 50, qui communiquent librement en arrière avec une étable à sol cimenté. Chaque étable peut s'ouvrir elle-même sur un enclos extérieur où l'on ne laisse aller les animaux que pendant l'été et les beaux jours de printemps et d'automne. L'eau des bassins est chauffée en hiver à 15 degrés. C'est de l'eau dormante qu'on ne paraît pas renouveler assez fréquemment, car elle dégageait une mauvaise odeur quand nous avons visité cette maison. Les animaux semblent cependant bien se porter ici. Un couple d'Hippopotames, amené au Jardin en 1881, s'est reproduit à peu près régulièrement depuis, tous les ans, et a donné 13 petits en 17 années, 7 mâles et 6 femelles, dont 2 sont morts peu de temps après la naissance, alors que les autres se sont très bien élevés. Le mâle du premier couple est mort en 1904, la femelle vit encore, en compagnie de son fils, (fig. 37), né le 27 mai 1901, mais, comme elle semble ne plus pouvoir reproduire, la direction du Jardin a acheté, en 1905, deux jeunes femelles (au prix de 40,000 francs) pour la remplacer.

L'enquête que nous avons faite au sujet de ce couple si intéressant et de sa descendance nous a permis de noter encore les particularités physiologiques suivantes. La femelle achetée en 1881 a eu son premier rut en 1885, ce qui semblerait indiquer qu'elle avait 2 ou 3 ans à son arrivée au Jardin. De 1885 à 1903, elle entra en rut régulièrement tous les mois, présentant alors une agitation continuelle et faisant entendre de forts soufflements; les chaleurs duraient en moyenne trois ou quatre jours. A partir de 1903, la femelle devant avoir environ 24 à 25 ans, ces agitations ne se produisent plus à époque régulière et ne durent plus maintenant qu'un seul jour. Les accouplements ont toujours eu lieu dans l'eau. Chaque gestation a duré en moyenne 238 jours; et la mise bas a eu lieu indistinctement dans l'eau ou sur terre; dans le premier cas, la mère poussait son petit avec sa tête pour le faire échouer dans l'étable, mais trois heures après, le petit allait retrouver sa mère dans le bassin et se mettait à téter en nageant auprès d'elle. L'allaitement, qui dure 4 mois, se fait du reste toujours dans l'eau. Au bout de ce temps, on enlève le petit à la mère à laquelle on rend son mâle qu'on avait eu soin d'éloigner, un mois avant la mise bas.

La nourriture des Hippopotames se compose pour une journée de :

		kilogr.
Son de blé		2 500 à 3
Farine d'orge		0 500
Foin		8
Betterave		10
Pain de seigle		une moitié.

Les Ruminants du Jardin d'Anvers sont placés dans d'élégantes constructions de style original : une grande et belle maison flamande renferme des Vaches du pays; une maison russe abrite les Chameaux; une mosquée, les Antilopes; une maison suédoise, les Rennes qui donnent chaque année deux ou trois petits.

Ces bâtiments ont généralement des enclos extérieurs dont le sol formé d'une couche de sable reposant sur un lit de cendres paraît pourtant très humide, après les jours de pluie; il en est de même pour les enclos extérieurs des Bisons et pour ceux du palais égyptien.

L'enclos extérieur de la maison des Antilopes, placé au centre du bâtiment, est couvert en verre; il est entouré de petites étables dans lesquelles nous avons vu des représentants des espèces d'Antilopes suivantes :

Antilope onctueuse (*Antilope* ou *Agocerus unctuosa* Laur);
Antilope Bubale (*A. Acronotus Bubalis* L.);

Antilope Dama (*A. Dama* Pal);
Antilope de l'Inde (*A. cervicapra* [*cervicapra Bezoartica*] L.);
Antilope Blesbok (*A.* [*Damalis*] *albifrons*);
Antilope grimm (*A.* [*cephalophus*] *grimmia* L.);
Antilope guib (*A.* [*guib scripta*]);
Antilope à bourse ou Spring Bok. (*Gazella Euchore* Licht);
Antilope Leucoryx (*Oryx Leucoryx* Pal);
Antilope gnou (*Connochoetes gnu*);
Antilope gnou à barbe blanche (*Connochoetes albojubatus* Thom.);
Antilope gorgon (*C. taurinus* Burch);
Antilope Beisa (*Oryx Beisa* Rüpp);
Antilope Addax (*Addax naso-maculata* Licht).
Gazelle corinne (*Antilope rufifrons* Gray.);

Les Rennes vivent en moyenne 6 ans au Jardin d'Anvers et donnent chaque année deux ou trois petits. Leur nourriture se compose de :

Le matin : 1 kilogramme d'avoine, maïs concassé, orge et son de froment mélangés, plus deux poignées de lichens.

Le soir : 1/2 kilogramme de pain blanc sec, plus deux poignées de lichens.

Les Mouflons et les Thars (*Hemitragus jemlaïcus* H. Sm.) vivent en liberté dans un enclos rocailleux orné de ruines artificielles du plus heureux effet.

Notons, en passant, que l'étable actuelle des Bovidés doit être remplacée prochainement par un vaste bâtiment de près de 100 mètres de longueur.

Nous avons remarqué aussi une belle collection d'Écureuils qui se trouve dans le palais des petits Oiseaux et qui se compose spécialement d'espèces exotiques :

Écureuil de Malabar (*Sciurus maximus* Schreb.);
Écureuil de Prévost (*S. prevosti*);
Écureuil rouge d'Amérique (*S. hudsonius* Pallas);
Écureuil Strié (*Tamias striatus* Lin. de l'Amérique du Nord);
Écureuil gris de l'Amérique du Nord (*Sc. cinereus*);
Écureuil noir de l'Amérique du Nord (*Sc. cinereus var. nigra*);
Écureuil renard de l'Amérique du Nord (*Sc. capistratus*);
Écureuil volant d'Amérique (*Sciuropterus volucella* Pall.);
Écureuil du Maroc (*Xerus getulus* Lin.).

Non loin de là se trouve une belle série de Kangouroos, dans des cages semblables à celles du Jardin de Dublin :

Kangouroo géant (*Macropus giganteus* Zimm., Australie);
Kangouroo agile (*M. agilis* Giebel, Australie);
Kangouroo isabelle (*M. isabellinus* Waterhouse);
Kangouroo antilope (*M. antilopinus* Waterhouse);
Kangouroo robuste (*M. robustus* Gould);
Kangouroo de Bennett (*M. Bennetti*);
Kangouroo rouge (*M. rufus* Desm.);
Kangouroo à face noire (*M. melanops* Gould).

Ces animaux reproduisent fréquemment dans le Jardin d'Anvers, mais pas aussi régulièrement qu'à Dublin; ce sont surtout : *Macropus giganteus*, *M. melanops*, *M. robustus*, *M. rufus* (Desm) qui donnent des petits.

Enfin un grand Fourmilier et deux Échidnés vivent dans le palais des Singes, le premier depuis 5 ans, les seconds depuis 3 ans. On leur donne, à l'un et aux autres, une nourriture composée de viande hachée et d'œufs délayés dans du lait. Le Fourmilier est placé dans une grande cage vitrée, élevée de 1 mètre au-dessus du sol et pavée de carreaux de porcelaine; on lui donne seulement une planche pour dormir. Les Échidnés sont placés dans une petite cage octogonale, à fond de zinc couvert de sable fin; tapis dans un coin, ils semblent fuir la lumière.

Les Oiseaux forment la majeure partie du nombre des animaux de ce Jardin; mais on n'y trouve pas le bel ensemble ornithologique que nous avons pu admirer à Londres. De même nous n'avons pas observé l'indication d'aucune espèce sauvage nichant dans le Jardin; du reste la plupart des Oiseaux ne sont là que pour la vente.

Certaines collections cependant méritent d'être signalées :

1° Une belle série de Grues qui restent constamment dehors, même en hiver :

Grue à cou blanc du Japon (*G. leucauchen* Tm.);
Grue de Mandchourie (*G. japonensis* Mül);
Grue couronnée du Sénégal (*Balearica pavonina* L.);
Grue couronnée du Cap (*B. regulorum* Licht.);
Grue de l'Australie (*B. australasiana*);

Grue Antigone de l'Asie et de la Russie méridionale (*G. antigone*);
Grue de Stanley de l'Afrique australe (*Tetrapteryx paradisea*);
Grue du Canada (*G. Canadensis*);
Grue de Numidie (*G. virgo*).

2° Neuf espèces de Colombes qui vivent toujours dehors, dont :

Colombe poignardée, des îles Philippines (*Phlogoenas luzonica* Scop);
Colombe du Cap (*OEna capensis* Lem.);
Colombe lumachelle (*Phaps chalcoptera* Lath., de l'Australie);
Colombe turvert (*Chalcophaps indica* Lem.);
Colombe zébrée (*Geophaps striata* Lem. de l'Inde);
Colombe grivelée (*Leucosarcia picata* Lath., de la Nouvelle-Galles du Sud).

Les Rapaces sont aussi bien représentés (nombreux Aigles, Vautours, Condors, Grand-duc lacté, Harfangs, etc.), de même que les Coureurs : Autruches, Nandous (dont deux jeunes à plumage blanc), Casoars (Casoar à casque et Casoar de Blyth) et Eméus.

Il y a lieu de signaler aussi les collections remarquables de Faisans, de Pintades et de Gouras logées dans des séries de volières pourvues de retraites plantées d'arbres. Enfin les deux étangs sont couverts de bandes plus ou moins nombreuses de Palmipèdes, de Canards, d'Oies, de Pélicans et de Flamants.

A l'exception de ces derniers qui, en réalité même, sont isolés du public, aucun Oiseau ne vit en liberté complète dans le Jardin; les Coqs, les Poules, les Paons (dont il y a là cinq espèces différentes : Paon commun, blanc, panaché, nigripenne, spicifère) sont eux-mêmes tenus tous en cage.

Parmi les constructions réservées aux Oiseaux, il faut signaler une grande volière en plein air qui occupe un espace rectangulaire de 1,100 mètres carrés sur 18 mètres de hauteur; puis trois grandes faisanderies dont l'une surtout, avec ses guirlandes de vigne vierge, sa bordure de plantes vertes et les buis de ses cages, forme un ensemble des plus harmonieux; les volières des Oiseaux de proie qui ont servi de modèle à d'autres Jardins, et enfin les constructions réservées aux Échassiers (Ibis, Hérons, Poules d'eau, Spatules, etc.), qui comprennent une volière centrale ornée d'une peinture de fond représentant un paysage oriental, et deux pavillons latéraux vitrés qui peuvent être chauffés.

Les Reptiles sont placés, à la maison des Carnassiers, dans

6.

quatre cages vitrées et garnies de glacés, faisant face aux loges des Fauves et dans deux grandes cages vitrées centrales; des bassins situés aux extrémités de la galerie renferment des Caïmans et des Crocodiles.

La faune du Jardin ne comprend pas de poissons; mais la Société pense faire construire prochainement un grand aquarium.

Quant aux Invertébrés, ils sont représentés uniquement par deux colonies de Fourmis (*Formica flava* et *F. niger*) qui vivent depuis près d'un an dans une des salles du Musée. Ces Insectes sont placés dans une sorte de cage vitrée assez simple, du système A. W. Gamage, de Londres, qui permet de suivre leur travail à la loupe; on les nourrit avec du miel.

2° Établissements privés.

Nous n'avons pas entendu dire qu'il y ait, en Belgique, de parcs privés contenant des collections d'animaux. Nous pensons qu'il n'y existe pas non plus de stations de biologie ni de zoologie expérimentales.

Mais nous devons rendre compte ici de la visite intéressante que nous avons faite au Dr Quinet, dont les études suivies sur les Oiseaux mettent si bien en évidence quelques-unes des lois de la migration. Le Dr Alfred Quinet a su profiter intelligemment de ses excursions cynégétiques sur le bas Escaut et de ses chasses en Égypte pour observer les Oiseaux de passage. Il a de plus essayé de vérifier les résultats de ses observations en conservant chez lui, dans de simples volières, un certain nombre d'Oiseaux migrateurs.

C'est ainsi qu'il a pu nous montrer : des Fauvettes à tête noire qui se reproduisent dans leur cage, presque chaque année, depuis 5 ans et qu'il nourrit avec des œufs de Fourmis, des Vers de farine et de la viande hachée; — un couple de Rossignols qui a niché une seule fois en 5 ans, mais dont le mâle lance ses chants joyeux au mois de mars, même lorsque la terre est couverte de neige; — un couple de Merles qui, chaque année depuis 3 ans, fait son nid dans un balai de bouleau dressé dans un coin de sa volière, préférant le balai à un bel ocuba mis à sa disposition; — enfin un jeune Coucou qui vit très bien dans une petite cage sans paraître se soucier des époques de migration ; on le nourrit avec des Chenilles qu'il digère très bien, même les plus velues, avec des œufs de Fourmis, des Vers de farine, des baies de sureau, du chanvre écrasé et du pain.

Si l'on ne trouve pas en Belgique de véritables stations biologiques, il y a, par contre, un certain nombre de personnes qui s'occupent d'élevage et de croisements. Nous citerons, par exemple, le nom de M. Yvan Braconnier, président de l'Union avicole de Liège. Ce riche propriétaire élève, nous a-t-on dit, dans le parc de son château de Midare, des Poules sans queue. Nous aurions voulu étudier par nous-même ces animaux de façon à pouvoir les comparer à celles de l'île de Man ; malheureusement les lettres que nous avons adressées, à ce sujet, à M. Braconnier sont restées sans réponse.

V

PAYS-BAS.

1.º Jardin zoologique de Rotterdam.

Le Jardin zoologique de Rotterdam (Diergaarde) appartient à la *Vereeniging Rotterdamsche Diergaarde*, société par actions dont le but est défini ainsi par l'article 1ᵉʳ des statuts :

« La société fondée en 1857 [1] sous le nom de Rotterdamsche Diergaarde, a pour but de faire avancer, par des moyens agréables, l'état des connaissances en zoologie et en botanique.

« Pour remplir ce but, des collections vivantes d'animaux et de plantes seront augmentées et entretenues dans les limites permises par l'état des finances de la société.

« Un musée et une bibliothèque seront ajoutés à l'institution.

« Le nombre des membres est illimité. »

Ce nombre s'élevait, en 1905, à 5,204 (au 31 décembre 1906 à 5,484). La société est administrée par un Conseil de 25 membres dont le président actuel est M. C. H. van Dam. Ce Conseil se com-

---

[1] Le jardin existait déjà, depuis 1855, sous la forme de ménagerie privée.

pose lui-même de cinq comités : 1° pour les bâtiments, 2° pour les animaux, 3° pour les plantes (serres et jardins), 4° pour les fêtes, 5° pour la bibliothèque et le musée.

Les recettes totales de la Société ont été, en 1905, de 161,880 fl. 91 [1], dont :

	florins.
Entrées payantes à la porte (64,974 personnes)..	24,944 65
Ventes d'animaux..........................	7,550 00
Recettes du restaurant......................	8,325 00
Ventes des guides et cartes postales...........	212 00

La Société a établi, comme elle se l'était proposé, une bibliothèque et un musée. La bibliothèque, installée luxueusement au premier étage, dans le bâtiment de l'administration, à gauche de l'entrée principale, renferme de nombreux volumes reliés et des périodiques scientifiques. Le musée, qui occupe tout le premier étage du restaurant-palais du Jardin, comprend deux salles : l'une est consacrée à une collection ethnologique provenant des colonies néerlandaises et de l'Afrique occidentale; l'autre est destinée aux Oiseaux et aux Mammifères indigènes ainsi qu'à une collection de Mollusques et de Polypiers provenant, pour la plupart, des colonies néerlandaises.

Le Jardin, y compris la bibliothèque et le musée, est dirigé par le D' J. Büttikofer, un savant auquel nous devons en grande partie la connaissance de la faune de Libéria. Ce directeur, nommé par le Conseil d'administration, est logé au Jardin et reçoit un traitement de 4,400 florins. Il dirige réellement le Jardin et dispose de la somme votée annuellement par le Conseil pour les dépenses générales de l'établissement. D'autre part, il peut nommer et révoquer directement les employés du Jardin, sauf pour les chefs dont il ne peut que proposer, au Conseil, la nomination ou la révocation.

Ces employés sont : un chef de bureau (non logé) qui remplace le directeur en son absence et dont le traitement est de 2,400 florins; un chef jardinier pour les serres (Hortulanus) logé au Jardin et payé 2,000 florins; un chef-gardien des animaux, logé au Jardin et payé 750 florins; un chef-gardien pour les jardins, logé au Jardin et payé également 750 florins; un chef-surveillant pour

______

[1]. En 1906, les recettes totales ont été de 171,000 florins.

les bâtiments, non logé, mais payé 1,350 florins; un caissier; un secrétaire; un garçon de bureau; un commissionnaire; 13 gardiens d'animaux; 8 jardiniers; 12 floristes (pour les serres); un cocher, un garçon d'écurie et un nombre variable de tâcherons. Ces derniers employés sont payés à la semaine, de 11 à 12 florins. Ils reçoivent, en plus, quelques émoluments particuliers qui élèvent, en général, leur salaire à 15 florins.

Il y a en outre : 4 peintres, 3 forgerons, 3 charpentiers, 2 maçons, un mécanicien, un grillageur, un plombier-ferblantier. Ceux-ci sont payés à l'heure, sous le contrôle du chef surveillant des bâtiments.

Ajoutons que la Société a établi un fonds de roulement spécial pour les soins médicaux et les pensions donnés à ses employés.

La somme totale des dépenses s'est élevée, en 1905, à 161,793 florins; en 1906, à 164,079 florins. Parmi ces dépenses, nous avons relevé une somme de 7,550 fl. 47 attribuée en 1905 aux achats d'animaux; cette somme est augmentée, en réalité, par le produit de la vente des animaux, nés au Jardin et qui se trouvaient en double. Le total des dépenses, pour la nourriture des animaux, s'est élevé à 23,000 florins; il atteindra sans doute, en 1906, 23,766 florins.

Le Jardin zoologique est établi au nord-ouest de Rotterdam, sur un sous-sol marécageux qu'il a fallu consolider en bien des endroits. Sa surface totale est de 13 hect. et demi. Le dessin général de ses bosquets et plates-bandes est très heureux. On aperçoit, en certains endroits, des perspectives lointaines qui font momentanément oublier la ville essentiellement commerçante qui l'entoure à peu près de tous côtés; des ponts pittoresques surplombent des cours d'eau et des étangs alimentés par le *Diergaarde Singel,* un des nombreux canaux de Rotterdam; de belles allées conduisent le visiteur vers des pelouses ombragées de grands arbres dans lesquels nichent en liberté des Hérons, des Corbeaux et des Cigognes; des massifs de fleurs très bien entretenus, des rochers couverts de plantes alpines rompent çà et là la monotonie du paysage, et, dans ses grandes serres, l'on peut admirer en particulier la *Victoria regia* dont les feuilles couvrent la surface d'un grand bassin et des Fougères arborescentes dont l'une atteint 9 mètres de haut.

Les maisons d'animaux, parcs et volières, renfermaient, lors du recensement du 1ᵉʳ janvier 1906, 2,245 animaux, de 561 espèces, se décomposant en :

Mammifères	423 représentant	138	espèces.
Oiseaux	1,529 —	382	—
Reptiles	131 —	28	—
Amphibies	51 —	8	—
Poissons	113 —	5	—

Depuis ce recensement, le nombre des Reptiles, des Amphibies et des Poissons a décuplé, grâce à l'ouverture toute récente de la nouvelle maison des Reptiles.

Un grand nombre des animaux du Jardin sont offerts gracieusement par les employés coloniaux du gouvernement et par les planteurs. La Société a, de plus, un correspondant à Batavia, qui achète directement aux indigènes.

Le premier bâtiment que l'on trouve à droite, en entrant dans le Jardin par l'entrée principale, est la maison des Singes (fig. 38). Cette construction, qui est la plus belle et la mieux comprise de toutes celles que nous ayons vues jusqu'ici, date de l'année dernière et a coûté 86,000 guldens. Elle a 42 mètres de long, 14 mètres de large et 9 m. 50 de haut; son orientation est ouest-est; elle présente un mur plein, du côté nord et, le long de sa façade sud, ornée de jolis motifs de brique émaillée et de singes sculptés, se trouve une série de cages extérieures.

L'entrée principale, située à l'extrémité ouest, conduit dans un grand hall (fig. 39), bordé à droite et à gauche par les cages des Singes orné de touffes de plantes vertes et de deux fontaines jaillissantes garnies de fleurs. Ce hall est divisé en trois parties par deux arcades, au niveau desquelles s'ouvrent les entrées des couloirs de service dont nous parlerons plus loin.

Le toit est en briques de verre système Falconnier, à l'exception d'un toit de ventilation qui surmonte le hall dans toute sa longueur; de cette façon les cages sont beaucoup plus éclairées que le hall. — L'avantage de ces briques de verre qui couvrent aussi les cages extérieures est de bien protéger contre le refroidissement trop brusque et contre les courants d'air, tout en laissant passer la lumière. Ces briques sont creuses et présentent à leur intérieur, grâce à la haute température à laquelle elles ont été soufflées et fermées (850°), un vide presque absolu. Cette disposition remplace, avanta-

Fig. 38. — ROTTERDAM. Nouvelle maison des Singes.

Fig. 30. — ROTTERDAM. Vue intérieure de la nouvelle maison des Singes.

E. LEROUX, *Edit.*

geusement, le système des doubles fenêtres. Ajoutons qu'une cannelure peu profonde, qui règne autour de chaque brique, permet la réception d'une certaine quantité de ciment; de la sorte, ces briques sont unies l'une à l'autre d'une manière très solide. Les grandes fenêtres de l'extrémité du hall et les châssis mobiles du toit de ventilation sont garnis de vitraux.

Les cages des Singes, dont nous donnons le plan en coupe transversale (fig. 40), sont au nombre de 37 intérieures et de 11 extérieures; quelques-unes ont 6 mètres de diamètre; les autres ont, presque toutes, une superficie de 4 mètres carrés; elles sont isolées du public par une balustrade en fer qui supporte un grillage de 2 mètres de haut. Le sol des cages, élevé de 0 m. 75 au-dessus de celui du hall, est formé d'une mince couche de ciment armé et supporte un arbre à grimper soigneusement encastré dans un tube de fonte. Les murs sont recouverts de briques vernissées blanc ivoire; tous les angles sont arrondis. L'ouverture des cages, du côté du public, est fermée par un grillage dont les mailles ne correspondent pas avec celles du grillage extérieur, de sorte qu'il est bien difficile de jeter du pain ou autre chose aux animaux; seules, les cages des Anthropoïdes sont fermées par des barreaux verticaux.

La paroi du fond de chaque cage intérieure présente, à sa partie supérieure, un renfoncement éclairé par une fenêtre qui donne au-dessus d'un couloir de service; c'est dans cette partie supérieure que se trouve, pour les cages sud seulement, le passage qui conduit les Singes aux cages extérieures. Ce passage est muni, à l'une de ses extrémités, d'une petite trappe mobile que les Singes peuvent soulever facilement, et, à l'autre, d'une porte à coulisse que les gardiens peuvent, du couloir de service, fermer ou ouvrir, au moyen d'une chaîne.

Toutes ces cages présentent un toit intérieur vitré, dressé obliquement d'avant en arrière et qui s'attache d'un côté au toit commun et de l'autre s'appuie sur le haut des grilles de devant. Chaque cage est en communication avec un couloir de service (large de 1 mètre et haut de 2 mètres) par un panneau s'ouvrant verticalement; dans ce panneau se trouvent une trappe pour le passage des aliments, et un judas qui éclaire le couloir, tout en permettant l'inspection de la cage. Dans le couloir de service, se trouvent un certain nombre de robinets d'eau potable, des conduites de gaz et d'eau chaude et un tuyau pour l'écoulement de l'eau de lavage des cages. Ajoutons que le couloir sud offre les mêmes moyens de communication avec les cages extérieures.

Ce qu'il était le plus intéressant de connaître pour nous, c'était l'organisation du système de chauffage et d'aération de cette maison des Singes qui, dès l'abord, nous avait paru particulièrement bien comprise. C'était dans la matinée que nous l'avions visitée; nous étions accompagné par M. Büttikofer qui nous fournit avec la plus grande amabilité tous les renseignements que nous désirions. Il y avait à ce moment 150 Singes dans les cages intérieures et les nettoyages n'étaient pas finis; cependant l'air ne portait aucune mauvaise odeur et nous paraissait même aussi agréable à respirer que celui d'une serre.

Le double problème qu'il avait fallu résoudre, au moment de la construction de cette nouvelle maison des Singes, était : 1º d'obtenir, dans toutes les cages, une température égale et constante d'au moins 20 degrés et cela même par les plus grands froids; 2º d'établir une large ventilation, sans courants d'air, afin d'amener au minimum l'odeur désagréable que nous avons trouvée, à des degrés divers, dans la plupart des maisons de Singes que nous avons visitées jusqu'ici.

Pour réaliser ces desiderata, M. Buttikofer résolut de s'inspirer, sinon de copier exactement les systèmes de chauffage et de ventilation en usage dans la nouvelle singerie du Jardin zoologique de New-York.

Le foyer de chauffage se trouve, avec le magasin à charbon, dans une grande cave, située au-dessous de l'extrémité est du bâtiment. L'eau, portée presque à la température de l'ébullition, est chassée dans un réseau de tubes de 300 mètres de long qui circule dans tout le bâtiment, puis elle revient refroidie dans le manteau d'eau qui entoure le foyer. Quatre grosses conduites d'eau chaude sont situées au-dessous des cages; deux autres plus petites sont placées le long des murs extérieurs dans la partie supérieure des cages; de cette façon, l'air refroidi par les parois extérieures se trouve suffisamment réchauffé et les Singes ont là des places bien chaudes où ils se tiennent volontiers.

La ventilation est en relation étroite avec le chauffage. L'air froid s'engage librement, de l'extérieur, dans deux tunnels qui règnent dans toute la longueur des cages, en sous-sol et où se trouvent les conduites d'eau. Cet air s'échappe par des orifices placés à la partie supérieure des tunnels, s'échauffe autour des conduites d'eau et chauffe le sol des cages; puis il passe dans le hall central, au travers des bouches de chaleur placées en avant du sous-sol des cages. Du hall, une grande partie de l'air chaud entre dans les cages par les grilles, puis s'élève vers une plaque fenêtrée située dans le toit de chaque cage, du côté du mur extérieur; par cette plaque, l'air passe dans une conduite d'air qui est elle-même en rapport avec deux manchons d'évacuation. De cette façon, l'air usé et vicié, venant des cages, est évacué au dehors et ne peut revenir dans le hall des visiteurs. Cette conduite de l'air vicié est encore favorisée par le toit intérieur, incliné, qui se trouve dans chaque cage; en effet, ce toit, étant échauffé sur ses deux faces, empêche que l'air vicié qui monte de la cage ne se refroidisse et ne retombe dans la cage. Un simple système de valves, placé dans les tunnels d'arrivée de l'air froid et dans les cheminées d'évacuation d'air chaud, permet de régler l'entrée et la sortie de l'air. De plus, les cheminées d'aération sont faites de telle façon que, dans le cas où cette ventilation automatique serait insuffisante, il serait facile d'installer des ventilateurs électriques. [Fig. 40. Coupe transversale de la Maison des Singes du Jardin zoologique de Rotterdam (1905). — 1. Cheminée de ventilation. 2, 2; 2, 2. Toits en briques Falconnier. 3. Tunnel. 4, 4. Fenêtre. 5, 5. Canalisation à eau chaude. 6. Passage pour les animaux des cages intérieures aux cages extérieures. 7. Planchette de saut. 8, 8. Toit en verre. 9. Corridor de service. 10. Tunnel à air frais. 11. Égout. 12. Pilotis. Les flèches indiquent la marche de l'air.]

Enfin, on n'a pas oublié ici que la plupart des Singes habitent les forêts humides des tropiques et que l'on doit, dans une singerie bien installée, avoir soin de donner, à l'air, un certain degré d'humidité. Aussi, pour réaliser cette condition, a-t-on placé, sur les tuyaux de chauffage, des réservoirs plats contenant de l'eau qui, en s'évaporant, donne à l'air l'humidité nécessaire; les fontaines jaillissantes du hall central concourent aussi au même but. En outre, le parquet du hall central est lavé et arrosé abondamment chaque soir. Le sol et les murs des cages sont nettoyés chaque jour et lavés de temps en temps avec de la crésoline.

Cette magnifique maison renfermait, avons-nous dit, lorsque

nous l'avons visitée, 150 Singes répartis en une cinquantaine d'espèces.

Nous y avons remarqué tout d'abord trois grands Chimpanzés paraissant des plus joyeux : une femelle qui vit là depuis 8 ans et un couple depuis 4 ans; puis trois Orangs femelles qui avaient l'air un peu triste, mais qui n'étaient au Jardin que depuis un mois; enfin deux Gibbons, dont un *Hylobates Mülleri* que l'on rencontre rarement dans les ménageries.

Parmi les autres Singes, nous citerons avant tout un *Cercoebus aterrimus* (Oudemans) du Haut-Congo qui n'est connu que depuis 1890; deux *Cercopithecus ascanias* (Audubon), un *Ateles Geoffroyi* qui vit ici depuis un an en très bonne santé; des Cynocéphales qui se reproduisent et élèvent fort bien leurs petits (une femelle était alors en état de gestation très avancé) et dont quelques-uns passent toutes les nuits dehors pendant l'été; des *Hapale jacchus;* deux Cebus femelles en compagnie de trois Tatous; des *Lemur macaco* (L.) qui se reproduisent et élèvent également très bien leurs petits; un Loris de Java (*Nycticebus*) et enfin un couple de *Microcebus pusillus* (E. Geoff.) les plus petits des Primates connus, dont la taille est loin d'atteindre celle d'un Rat, et qui sont ici depuis deux ans, en compagnie de deux Écureuils volants.

Tout à côté de la maison des Singes et en allant vers le fond du Jardin, on trouve le palais des grands Carnivores, qui mérite également de retenir notre attention, bien qu'il n'ait pas, sur les constructions similaires, la même supériorité que la maison des Singes.

Ce Palais se compose d'une double série de cages vastes et bien aérées; l'une donnant sur un couloir intérieur, l'autre s'ouvrant sur une galerie extérieure qui peut être transformée elle-même en galerie fermée. Lorsque nous avons visité ce Palais, des ouvriers étaient occupés à remplacer le plancher des cages par une couche de ciment armé; en effet, ce plancher en pitchpin, déchiré par les griffes des animaux et lavé tous les jours à grande eau, s'imprégnait d'urine, pourrissait en certains endroits et laissait suinter les liquides dans les caves situées au-dessous des cages. Ces caves vont être réorganisées pour obtenir un meilleur chauffage et pour l'amélioration de la ventilation; des tuyaux à eau chaude en particulier seront placés directement au-dessous du sol des cages. Notons en

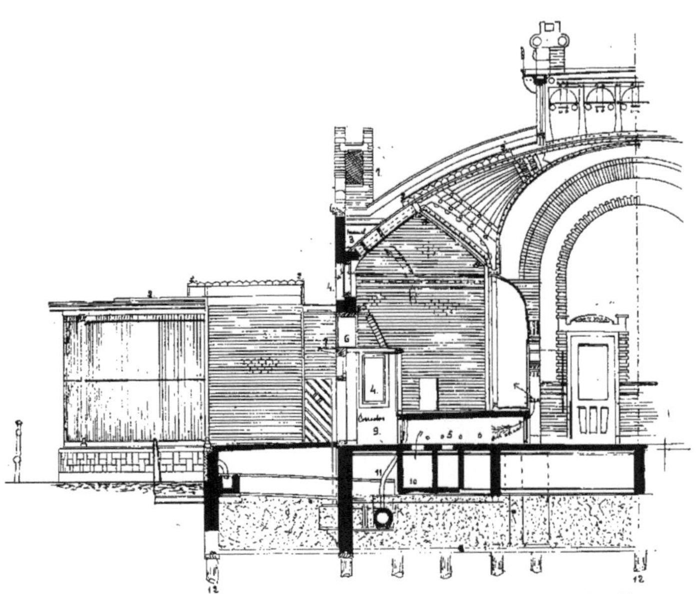

Fig. 40.— ROTTERDAM. Section transversale de la nouvelle maison des Singes.

Fig. 41. — ROTTERDAM. Nouvelle maison des Reptiles.

BIBLIOTHÈQUE (COMPIÈGNE) DE LA VILLE

E. LEROUX, *Édit.*

BIBLIOTHÈQUE DE L' VILLE

Fig. 42. — ROTTERDAM. Salle centrale de la nouvelle maison des Reptiles.

E. Leroux, Édit.

Fig. 43. — ROTTERDAM. — Une des salles latérales de la nouvelle maison des Reptiles.

passant que les cages ne sont désinfectées à la crésoline qu'une ou deux fois par mois et que cependant la mortalité, par maladies, y est pour ainsi dire nulle.

Le palais renfermait, lors de notre visite : deux Tigres de Sumatra, un de Java, un de Malacca et un de Sibérie; trois Lions, cinq Pumas, quatre Panthères, deux Jaguars, et une paire de *Felis Temmincki* de Sumatra.

Les autres Mammifères du Jardin de Rotterdam sont disséminés dans une trentaine de maisons, parcs ou grottes construites pour la plupart en style rustique et datant déjà de quelques années.

Les Ours logés, comme à Anvers, dans des cages à air libre sont bien représentés en espèces. Les Ours polaires y reproduisent régulièrement chaque année, mais, lorsque la mise bas a lieu pendant l'hiver, les petits meurent toujours de pneumonie parce que la mère refuse de profiter d'un abri en bois que l'on met dans sa cage, pour cette circonstance.

Les Chameaux et les Dromadaires, qui sont logés dans une maison de style arabe, donnent également des petits chaque année.

Il en est de même pour les Rennes, qui vivent très bien au Jardin depuis plus de dix ans, pour le grand Élan et pour les Antilopes Kobus (Waterbock, *Cobus onctuosus*) qui sont installés dans des enclos voisins.

Les Guanacos et les Lamas reproduisent aussi tous les ans, très régulièrement; ils vivent avec des Chamois, des Chèvres et des Moutons sauvages, dans des séries d'enclos nus ou herbeux qui entourent des grottes et communiquent avec elles. Ces grottes sont recouvertes par une grande construction rocheuse surmontée d'un belvédère.

Les Suidés sont représentés par une belle collection dans laquelle nous avons remarqué des Pécaris, des Porcs de Sumatra (*Sus vittatus* Müll.), le *Sus oi* (Müll. junior) de Sumatra, connu seulement depuis 1902 et auquel de grands favoris blancs embroussaillés donnent un aspect si particulier; le *Sus verrucosus* (Müller et Schl.) de Java, également très rare et qui doit son nom à deux gros tubercules placés au-dessous des yeux. Ces animaux reproduisent ici. Il en est de même pour les Porcs-épics d'Afrique qui donnent régulièrement des petits deux fois par an et qui cependant vivent toute l'année dans une maison non chauffée.

Enfin les maisons des petits Carnivores renferment encore une rareté : le *Canis cinereo-argentatus* du nord de l'Amérique; puis le *Canis lateralis* (Sclater) de l'Ouest Africain et un Renard bleu polaire qui, lorsque nous l'avons vu le 27 octobre, avait presque entièrement pris son pelage d'hiver; il n'avait plus qu'un peu de gris bleu sur le dos. En général il commence à blanchir au commencement d'octobre pour reprendre la coloration bleue au début d'avril.

Les installations pour les oiseaux ne présentent au Jardin de Rotterdam rien de bien particulier.

La grande volière de plein air est à noter pourtant, car c'est la première de ce genre qui ait été élevée dans les Jardins zoologiques, il y a une trentaine d'années. Sur son tapis de gazon s'élèvent nombre d'arbres, d'arbustes et de buissons dans lesquels nous avons compté près d'une centaine de nids, derniers restes des amours du printemps passé.

Les volières des grands Oiseaux de proie sont également intéressantes; le sol est surélevé de o m. 5o et leur toit est à une hauteur telle que ces animaux peuvent exercer librement leurs puissantes ailes.

Les volières des Grues sont surélevées aussi et leur sol est recouvert d'une couche de tourbe, substance désinfectante et désodorisante que nous avons trouvée employée ici, dans plusieurs autres volières.

Un petit pavillon spécial est consacré à la faune ornithologique du pays, qui est, du reste, mal représentée.

Enfin, comme Oiseaux rares, nous avons remarqué deux espèces de Casoars : *Casuarius papuanus* (Schleg.) et *C. Salvadorii* (Oust.) de la Nouvelle-Guinée et des représentants de trois espèces de Pélicans : le Pélican commun, le Pélican à crête et surtout de très beaux Pélicans d'Australie à ailes noires. Ces derniers vivent en compagnie de nombreuses espèces de Canards, de Cygnes et d'une quinzaine d'Eiders qui ne sont au Jardin que depuis deux ou trois ans.

Les Reptiles, les Batraciens et les Poissons sont placés dans une maison de construction récente et qui, comme le palais des Singes, a soulevé notre admiration (fig. 41, pl. XVII. Vue extérieure de la maison des Reptiles). Les murs de cette maison, ouverte en mai 1906, sont formés, en grande partie, de briques de verre Falconnier alors que son toit est en verre dépoli; de la sorte la lumière se répand partout dans les salles qui sont au nombre de trois : une centrale et deux latérales.

La salle centrale, où l'on entre tout d'abord (fig. 42), est décorée de peintures et ornée de grosses touffes de Papyrus et de Cyperus; au milieu, entouré d'un grillage, se trouve, un bassin (dont l'eau peut être chauffée), avec une île centrale aux bords en pente douce sur laquelle quelques-uns des habitants du bassin : Crocodiles du Nil et de Java, Caïmans du Mississipi, un énorme Varan de Java et plusieurs espèces de Tortues venaient prendre un bain de lumière.

Dans les salles latérales (fig. 43) se trouvent: au centre, de grandes cages pour les Boas et les Pythons, et sur les côtés, appuyées contre les briques Falconnier, de nombreuses petites cages, serres en miniature, et des aquariums de plusieurs grandeurs placés les uns contre les autres à 1 mètre du sol environ. Ces installations sont placées sur des placards recouverts de briques vernissées qui renferment les conduites d'eau chauffée en hiver. Les petites cages sont toutes garnies de mousse et de plantes vertes et ont, dans un angle, un petit bassin qui peut être rempli et vidé, à volonté, par un double système de robinets renfermés dans les placards. Ces cages contiennent des Batraciens et des Lézards; un Caméléon venait de pondre sur la mousse lorsque nous sommes passé.

Dans les aquariums ornés de plantes aquatiques, de *Myriophyllum* en particulier, nous avons remarqué différentes espèces de Poissons et de Batraciens : des *Pleuronectes flesus*, qui vivaient très bien dans l'eau douce de leur aquarium, des Protées, des Axolotts, des *Necturus maculatus* du nord de l'Amérique, une belle Salamandre géante du Japon, des Gouramis de Java (*Osphromenus olfax.*) et enfin deux énormes *Silurus glanis* pris dans le lac d'Aalsmer, près de Harlem; l'un de ces Silures atteignait une longueur de 1 m. 67 et pesait 32 kilogrammes; l'autre, long de 1 m. 52, ne pesait que 26 kilogrammes. Nous avons remarqué encore quelques représentants de divers groupes d'Invertébrés, tels que des Crabes des rivières d'Italie (*Telphusa fluviatilis*) et une centaine de *Dixippus morosus*, petits Orthoptères verts des Indes

anglaises, qui vivent et se reproduisent très bien sur les Trades-
centia que l'on a placés dans leurs cages à fond formé par un
rocher artificiel en tourbe.

Nous aurons terminé la description du Jardin de Rotterdam
quand nous aurons encore parlé de la maison d'hivernage et des
magasins à grains et à fourrages.

Le premier de ces bâtiments ne sert plus guère à l'hivernage,
car la plupart des animaux, sinon tous, passent bien l'hiver là où
ils vivent habituellement. C'est maintenant une infirmerie et un
pavillon d'isolement où l'on met en quarantaine les animaux qui
arrivent au Jardin. C'est dans ce bâtiment, composé de chambres
séparées, faciles à chauffer et à désinfecter, que les animaux sont
placés aussitôt leur arrivée, sous la surveillance active d'un gardien
expérimenté. Cet isolement leur permet de se reposer de leur
voyage et présente de plus deux autres avantages : d'abord on peut
s'assurer, en les gardant là quelque temps, que les animaux
ne sont pas, à leur arrivée, dans la période d'incubation de
quelque maladie contagieuse; ensuite on peut les débarrasser
de leurs parasites internes ou externes et éviter ainsi la conta-
mination des autres animaux.

Les magasins à grains sont particulièrement bien compris; ils
ont été aménagés, en effet, d'après les indications de M. Büttikofer,
de façon à éviter, à la fois, le gaspillage de grains et la perte de
temps et à permettre au chef-magasin de surveiller facilement
les gardiens qui viennent chercher la nourriture des animaux.
Chaque espèce de graines est placée dans un coffre contenant la
provision nécessaire pour un mois et rempli directement par
l'étage supérieur. Dans chaque coffre, un mécanisme simple et
ingénieux empêche les graines d'être détériorées par la pression
et assure en même temps un écoulement régulier. Ajoutons encore
que les orifices de prise sont disposés dans une pièce du rez-de-
chaussée assez grande pour que les gardiens puissent s'appro-
visionner tous en même temps, sous la surveillance du chef de
magasin.

2° Jardin zoologique de la Haye.

Le Jardin zoologique de la Haye appartient à la « *Koninklijk Zoölogisch Botanisch Genootschap* », société par actions fondée le 1ᵉʳ novembre 1862 pour une période de 29 ans et 8 mois. En juillet 1891, la durée de la Société a été prorogée pour une période semblable.

Le but de cette Société est « de contribuer à l'instruction par l'établissement d'une collection de plantes et d'animaux vivants, d'un musée et d'une bibliothèque ». (Art. 1ᵉʳ des statuts.)

La Société est administrée par une commission de 9 membres nommés pour 3 ans par les actionnaires et renouvelée chaque année par tiers. Ces commissaires choisissent entre eux un président, un vice-président et un secrétaire. Ils se réunissent au moins une fois par mois et nomment, tous les cinq ans, un directeur qui a la gérance du Jardin et des collections.

Ce directeur, actuellement M. L. J. Dobbelmann, a sous ses ordres 5 gardiens d'animaux, 6 jardiniers, 5 ouvriers et une douzaine d'employés temporaires. Dans son dernier rapport annuel (1905) nous relevons les chiffres suivants :

Recettes totales	80,889 florins.
Cotisations des membres	32,843
Entrées au jardin (85,085)	19,675
Nourriture des animaux	4,716
Dépenses pour l'aquarium	149

Le Jardin zoologique de La Haye, situé à l'est de la ville, ne comprend qu'une étendue de 6 hectares. Il est entouré d'eau, de prairies et de beaux arbres qui l'encadrent merveilleusement. Si l'on excepte une grande et belle salle des fêtes, de style mauresque, la plupart de ses constructions ne présentent rien de bien particulier.

La collection d'animaux vivants est, du reste, peu importante ; elle ne renfermait, au courant de l'année dernière, que : 140 Mammifères de 30 genres différents, 570 Oiseaux de 187 genres différents, et un certain nombre de Poissons.

Les seules parties un peu intéressantes de cette collection sont une bonne installation pour petits Rongeurs (fig. 16), une collection importante d'Oiseaux indigènes et l'Aquarium.

Nous avons compté dans l'Oisellerie (fig. 45) des représentants d'une centaine d'espèces indigènes appartenant à 40 genres divers. C'étaient, pour la plupart, des Passereaux, parmi lesquels nous avons noté, au mois de novembre, la présence d'un certain nombre d'Oiseaux migrateurs :

Coturnix coturnix L.,	*Upupa epops* L.,
Pratincola rubetra L.,	*Sylvia atricapilla* L.,
Ruticilla phœnicurus L.,	*Cuculus canorus* L.,
Emberiza hortulana L.,	*Fringilla montifringilla* L.

L'Aquarium se compose d'un couloir obscur, sur l'un des côtés duquel se trouvent 12 bacs éclairés par le haut; nous y avons remarqué entre autres, nageant parmi les feuilles de *Nuphar luteum* ou de *Cacomba caroliniana*, une ou deux douzaines de Silures (*Ameiurus nebulosus* et *Silurus glanis*), trois jeunes Esturgeons (*Accipenser sturio*), de magnifiques Tanches et des Axolots.

La partie botanique du Jardin de la Haye est plus remarquable que la partie zoologique, mais nous ne pouvons nous y arrêter ici. Nous citerons seulement une très belle collection d'Orchidées, spécialement de Vandées et quelques beaux exemplaires de plantes exotiques, telles que Palmiers, Broméliacées et Caladiums.

3° Jardin zoologique d'Amsterdam.

Le Jardin zoologique d'Amsterdam (*Zoölog. Tuin* ou *Artis*) appartient à la *Koninklijk Zoölogisch Genootschap* «*Natura artis magistra*». (De là vient le nom d'*Artis* sous lequel les habitants d'Amsterdam désignent leur Jardin zoologique.)

La Société royale de Zoologie fut fondée en 1838, à la suite d'une circulaire envoyée par un amateur M. G. F. Westerman aux habitants d'Amsterdam. Cette circulaire débutait ainsi :

« Natura Artis Magistra ». Sous ce titre est fondée une société ayant pour but d'augmenter la connaissance de l'histoire naturelle d'une manière agréable et attractive, tant par une collection d'animaux que par un cabinet d'exemplaires empaillés du règne animal. »

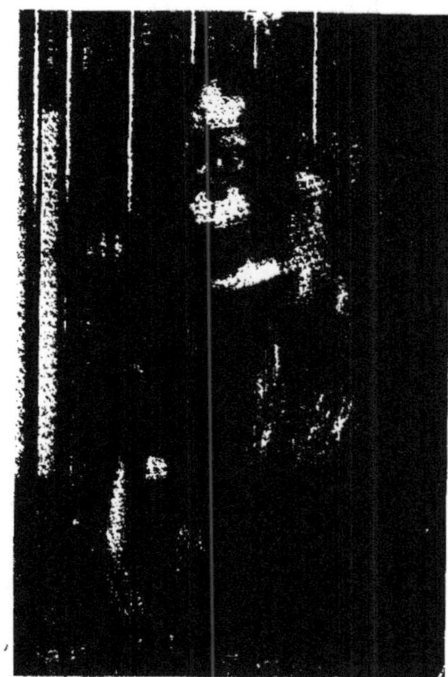

Fig. 44. — AMSTERDAM.
Orang-outan femelle vivant au jardin depuis 5 ans.

Fig. 45. — LA HAYE. Installation pour les Oiseaux-indigènes.

LEROUX, *Edit.*

Le cabinet d'exemplaires empaillés, provenant de la collection de
M. R. Draak, avait été ouvert au public en 1837. Il s'est agrandi
constamment depuis, par dons et par achats, grâce surtout à une
collaboration intelligente de l'Université municipale d'Amsterdam.
Cette partie du Jardin comprend aujourd'hui : un musée ethno-
graphique, des collections de zoologie et d'anatomie comparée et
une faune des Pays-Bas. Cette faune renferme non seulement les
Vertébrés, les Mollusques et les Insectes néerlandais, mais encore
des groupes d'Oiseaux indigènes avec leurs nids, leurs œufs et
leurs petits représentés dans leur milieu naturel. — On y trouve
de plus un certain nombre de vues stéréoscopiques de nids, pho-
tographiés d'après nature. Ajoutons encore que la Société possède,
au Jardin, une bibliothèque contenant un très riche ensemble
d'ouvrages sur l'histoire naturelle.

La collection d'animaux vivants fut commencée en 1839 par
l'achat de la ménagerie, alors célèbre, de C. Van Aken. Elle s'est
augmentée normalement, depuis, en particulier, par l'installation
d'un Aquarium, construit sur un terrain cédé par la Ville, sous certaines conditions dont nous parlons plus loin.

La Société compte actuellement (1905) 5,000 adhérents. Elle
est administrée par un conseil de 9 membres.

Ses recettes se sont élevées à 228,500 florins en 1905-1906
dont :

Cotisations des sociétaires	112,500 florins.
Entrées pour les étrangers (259,759 en 1905)	76,000
Vente d'animaux vivants	2,100
Vente du guide	2,250
Revenu du restaurant	12,125

Le Jardin est dirigé par le directeur de la Société, le Dr C.
Kerbert, qui a droit de nommer et de révoquer les employés, et
de faire librement tous les achats sans avoir à en référer au conseil,
sauf pour les très grosses dépenses. Il a sous ses ordres : un conservateur du Musée entomologique payé 2,500 florins [1]; un préparateur 1,900 fl.; un bibliothécaire 1,800 fl.; un assistant scientifique (traitement de début 500 fl.); 4 employés de bureau;
22 gardiens pour la ménagerie; 2 gardiens pour l'Aquarium; 1 garçon
pour l'Aquarium; 6 garçons pour le Musée; 1 garçon pour la biblio-

[1] Les conservateurs des autres collections sont payés par la ville.

thèque; 2 gardes-magasins (recevant et préparant la nourriture pour les animaux); 3 portiers; 5 jardiniers; 2 charpentiers; 1 maçon et 1 aide. Tous ces derniers employés sont payés à la semaine, de 10 à 15 florins.

La Société met de côté, tous les ans, 5,000 florins pour constituer un fonds de réserve qui sert à donner des pensions aux employés âgés ou malades.

La somme totale des traitements et salaires s'est élevée, pour 1905, à 56,750 florins. Parmi les autres dépenses, nous avons relevé :

Nourriture des animaux	30,500 florins.
Achat d'animaux	10,000
Entretien des bâtiments	8,000
Frais de jardinage	1,500

Le Jardin occupe, à l'est de la ville, une surface totale de 10 hectares 12 ares 08. Il paraît un peu resserré par les maisons qui l'entourent; les pelouses et les jardins n'ont pas assez d'étendue; l'eau des étangs est trop noire et trop odorante; ses constructions sont anciennes et les aquarelles qui les ornent ont tellement pâli que certaines sont presque invisibles. Pourtant, en dehors de l'intérêt scientifique très grand qu'il présente, la visite de ce jardin ne manque pas de charme et certains coins de verdure, ornés de statues, sont dignes des plus beaux Jardins zoologiques.

Nous n'avons pas pu avoir le nombre total des animaux que renfermait le Jardin, lors de notre visite (octobre 1906). Il y avait, paraît-il, 500 mammifères; mais le nombre des autres animaux est excessivement variable.

Les Singes sont placés dans une vieille construction, sombre, mal entretenue et insuffisamment aérée. Elle comprend des cages intérieures communiquant avec une rotonde extérieure par une porte à glissière que les animaux peuvent ouvrir facilement et qui se referme d'elle-même. Cette maison qui doit, du reste, être reconstruite l'année prochaine (en 1907) ne renfermait que quelques Singes parmi lesquels : deux *Ateles paniscus* L., à queue prenante, de Surinam.

Dans une maison voisine, chauffée à 15° C. se trouvait un Orang-Outang en compagnie d'un Macaque. Ces animaux se tenaient dans une grande cage isolée, entourée d'un couloir vitré extérieurement qui les séparait du public. L'Orang vivait au Jardin depuis cinq ans sans avoir jamais été malade. Son activité continuelle et la gaieté de ses yeux contrastaient d'une façon frappante avec la lenteur des mouvements et la tristesse du regard des Orangs que nous avions vus jusqu'ici dans les autres Jardins. Et combien amusants étaient les jeux et les luttes de ces deux Singes! Comme toujours, c'était le plus petit et le plus faible qui était le plus agressif. A un certain moment le Macaque s'était assis à l'entrée du couloir extérieur dont on nous avait ouvert la porte; il regardait attentivement les gestes que nous faisions pour armer notre appareil photographique. Mais il gênait l'Orang, qui, resté dans la cage, voulait voir aussi; après avoir fait quelques tentatives infructueuses pour pousser le Macaque de côté, l'Orang le saisit par la queue et le rejeta brusquement en arrière. Le Macaque, furieux, se met à pousser des cris perçants et se jette sur l'Orang qui reste un instant tout étonné de cette colère violente; alors, calme, sans paraître se presser, l'Orang saute d'un côté à l'autre de la cage, évitant toujours le Macaque qui devient de plus en plus furieux. Le gardien, heureusement, mit fin à la lutte en appelant les deux Singes qui lui obéirent aussitôt; il ouvrit la porte de la cage intérieure et la bonne figure de l'Orang vint poser docilement devant notre appareil qui paraissait l'intriguer beaucoup (fig. 44).

Nous ne pouvions pas comprendre comment ce Singe, placé dans une cage qui paraissait très imparfaite, était en si bonne santé après un séjour si prolongé au Jardin; mais nous apprîmes bientôt que c'était là encore, le résultat d'une manière de faire particulièrement intelligente, dont nous parlerons en détail, dans un travail qui étendra ce rapport, tout en le complétant au point de vue de la Zoologie pure.

La maison des Lions, construite en 1859, est entourée d'une allée de beaux peupliers; elle présente un bel aspect, mais ne nous a pas paru très bien aérée. Elle comprend une longue série de douze cages, donnant d'un côté sur un couloir de promenade vitré et, de l'autre, sur des cages intérieures où les animaux passent la nuit. Lors de notre visite, cette maison renfermait: 3 Lions, 2 Tigres, 2 Jaguars, 2 Panthères noires, 1 Léopard et 5 Pumas.

La maison des Ours, placée en face de la précédente et datant de 1897, est une belle construction en demi-cercle. Les cages circulaires renferment des Ours bruns ou noirs de différentes espèces; les Ours bruns se reproduisent dans ces cages mais n'élèvent pas leurs petits. Les Ours blancs sont placés dans une grande cage centrale dont le fond, garni d'une construction rocheuse, est creusé de retraites où les femelles vont mettre bas chaque année; contrairement aux précédentes, les Ourses blanches élèvent fort bien leurs petits.

Dans les cages voisines sont des Hyènes et des Loups.

Les petits Carnivores, peu nombreux ici, sont placés en partie avec les Rongeurs dont nous parlons plus loin.

Les Éléphants, au nombre de 4, présentent, au Jardin d'Amsterdam, la particularité d'être enchaînés par une patte pour passer la nuit dans leur maison, qui date de 1897. Mais on les fait sortir, en liberté, tous les jours, dans un grand enclos où les gardiens ont l'ordre de leur faire exécuter des exercices qui les désennuient et contribuent à les maintenir en bonne santé. Ils ne prennent pas de bains, mais leur peau est lavée et frottée chaque jour.

Dans la même maison se trouvait également un Tapir de l'Inde et dans une maison voisine, datant de 1897, une femelle d'Hippopotame venait de mettre bas. C'était la troisième fois, en six ans, qu'elle se reproduisait au Jardin, et, comme à Anvers où elle était née du reste, on avait observé que la durée de la gestation variait entre 238 et 245 jours. La parturition s'était toujours faite sur terre et c'était seulement 36 heures après que le petit allait à l'eau. On laisse ce petit téter pendant 5 mois; puis on l'isole de sa mère. L'eau du bassin de la maison des Hippopotames est renouvelée trois fois par semaine en été; en hiver, elle est chauffée et renouvelée seulement deux fois par semaine.

Les Equidés sont représentés, en particulier, par un couple de véritables *Equus Zebra L.* que l'on n'importe plus dans les Jardins zoologiques, sans doute parce que l'espèce est en voie d'extinction au Cap. Ces animaux se sont reproduits ici.

Les Ruminants, disséminés dans une douzaine de constructions différentes, sont assez bien représentés ici, mais certains, tels que les Cerfs, les Bisons et les Elans, sont placés dans des enclos où l'écoulement des eaux de pluie ne paraît pas suffisamment assuré.

Les Rennes, placés également à l'air libre, se reproduisent régulièrement.

Un couple de Girafes vivait depuis trois ans, sans avoir jamai
été malade, dans deux grandes étables hautes de 8 mètres e
séparées du couloir réservé au public par une cloison vitrée élevée
de 4 mètres au moins. Il est à remarquer que la boisson de ces
animaux se compose d'eau tiédie, même en été.

Les Rongeurs sont placés dans une longue construction qui res
semble à une faisanderie. Cette maison se compose, en effet, d'une
série de petites loges qui communiquent librement avec des enclos,
élevés de o m. 5o, dont le sol est formé d'une épaisse couche de
sable et de terre où les animaux terricoles peuvent creuser leurs
terriers. Nous avons remarqué, en particulier dans cette maison,
des Lièvres d'Europe qui vivent très bien en compagnie de gros
Lièvres de Patagonie (*Dolichotis pataghonica S.*) et d'une colonie
d'Écureuils qui viennent effrontément quémander quelques noisettes
ou quelques morceaux de pain; puis des Viscaches (*Lagostomus
trichodactylus*), des Marmottes des prairies (*Cynomys ludovicianus* Q);
des Pacas (*Coelogenys paca.* L.) du sud de l'Amérique et enfin
une série intéressante de Dasyproctes :

> *Dasyprocta prymnolopha* Wogl., de la Guinée;
> *Dasyprocta aguti* L., du Brésil;
> *Dasyprocta acouchy* E., de Surinam;
> *Dasyprocta punctata* Gr., de l'Amérique centrale.

Si nous citons encore : un couple d'Otaries, des Aï, des Marsupiaux, un Fourmilier et deux Édentés qui vivent au Jardin sur
un sol de tourbe, depuis 6 ans, nous aurons terminé, croyons-
nous, l'énumération des principaux Mammifères du Jardin zoologique d'Amsterdam.

Parmi les Oiseaux, ce sont surtout les logements des Grues, des
Cigognes, des Hérons et des Spatules qui doivent attirer l'attention
du zoologiste. Ces animaux vivent, comme à Anvers, dans des
séries d'enclos qui sont traversés par un canal et qui contiennent
chacun un acacia. Les Grues étaient représentées par 19 individus appartenant à 9 espèces différentes :

> *Grus viridirostris* V., de la Chine et du Japon;
> *Grus americana* L. de l'Amérique du Nord;
> *Grus torquata* Vieil., de la Chine;
> *Grus leucogerana* Pallas, du Japon;

Grus regulorum Licht, du Sud-Africain;
Grus pavonia Licht., du Nord-Africain;
Grus vipio Pall., du nord de l'Asie et du Japon;
Grus cinerea Becht., de l'Europe;
Grus australasiana Gould., de la Nouvelle-Galles du Sud.

Les enclos des Cigognes, un peu plus petits et dépourvus d'arbustes, renfermaient les espèces suivantes : *Ciconia alba* Bris., *Ciconia maguari* Gm., *Ciconia boyciana* Swinh., du Japon, *Ciconia episcopa* Bodd., du Nord-Africain, *Ciconia nigra* L., de l'Europe; des Hérons : *Ardea goliath* Tem., de l'Afrique; *Ardea cocoi* L., du Brésil, *Ardea cinerea* L., de l'Europe, et *Ardea melanocephala* V. et C., de Madagascar; des Jabirus : un très beau *Mycteria senegalensis* Shaw., *Mycteria americana* L. et *Mycteria australis* Lath.; puis : *Tantalus loculator* L., de l'Amérique du Sud, *Leucocephalus tantalus* Gm., de l'Inde; enfin : *Leptotilus crumeniferus* C., de l'Afrique, *Leptotilus dubius* C., de l'Inde, et *Leptotilus javanicus* H.

Derrière le bâtiment des Cigognes se trouvent de beaux enclos pour de nombreuses espèces ou variétés d'Anséridés dont il serait fastidieux de donner l'énumération ici.

D'autres Palmipèdes et Échassiers : des Cygnes et des Cormorans, que l'on trouve en abondance dans les mer et lacs de Hollande entre Nieuwersuis' et Breukelen, des Pélicans, des Harles, des Eiders (qui ne reproduisent pas), etc., couvraient les rives de trois petits étangs voisins.

Enfin, à l'une des extrémités du bâtiment des Grues, dans des volières particulièrement bien comprises, nous avons remarqué nombre d'Oiseaux exotiques, provenant des contrées les plus chaudes du globe et qui cependant supportent très bien, en Hollande, les hivers les plus rigoureux, à cause des conditions dans lesquelles on les place. Ces Oiseaux ont, en effet, à leur disposition, une retraite chauffée qui communique librement avec un enclos extérieur grillagé; c'est dans cet enclos à l'air libre qu'ils se tiennent le plus souvent. Nous avons remarqué ici, en particulier, comme ayant le plumage en parfait état :

Euripyga Helias Bodd., de Surinam;
Cissa venatoria Bonap., du Népaul;
Psophia crepitans L., l'oiseau trompette de Surinam;

Megalaima viridis Gray, de Java;
Rhamphastos dicolorus L., du Brésil;
Cyanurus pileatus Ill., du Brésil;
Acridotheres tristis L., de Ceylan;
Numida vulturina Hardw.;

puis des Gouras et des Talégalles. Pour ces derniers, les mâles, contrairement à ceux de Londres, n'ont jamais fait ici de nid; il est vrai que l'espace dans lequel ils vivent est beaucoup moins grand et que le sol paraît beaucoup moins favorable à leur nidification particulière.

Les Reptiles et les Batraciens étaient très nombreux au Jardin d'Amsterdam. Ils sont logés dans une longue galerie bordée à droite et à gauche de cages vitrées.

Les Crocodiles étaient représentés par des :

Alligator sclerops Schnd., de l'Amérique du Sud;
Alligator lucius L., de l'Amérique du Nord;
Crocodilus cataphractus Cuv. de l'Ouest-Africain;
Caïman palpebrosus Cuv., de l'Amérique du Sud.

Les Chéloniens comprenaient :

trois grands exemplaires de *Thalassochelys caretta*, placés dans de grandes cuves de zinc profondes de 0 m. 40 environ;
de belles *Chelydra serpentina* L., de l'Amérique du Nord;
des *Macroclemnys temminckii* H., de l'Amérique du Nord;
des *Clemmys leprosa* Schwegg., du sud de l'Europe;
des *Chelone mydas* L.;
des *Chelodina longicollis* Schaw, du sud de l'Australie;
des *Testudo elephantines* Dum. et Bib.

Les Sauriens comprenaient des spécimens de :

Varanus salvator Laur., de l'Inde;
Tupinambis teguexin L., lézard de l'Amérique du Sud;
Iguana tuberculata Laur.;
Chamæleon vulgaris Daud.;
des Orvets et des *Lacerta agilis* L. ou Lézard des dunes, si commun en Hollande;

La collection des Serpents renfermait surtout des espèces non venimeuses dont diverses espèces de Pythons :

8 *Eunectes marinus* ou Boa anaconda (dont quelques-uns énormes).

6 Boas constrictors magnifiques;
Python madagascariensis Schleg.;
Python schneideri Schleg., des îles de la Sonde;
Python bivittatus Kuhl;
Python hieroglyphicus Merrem;
4 ou 5 belles *Coluber corais* Boie., de Surinam;
des *Epicrates striatus* Fischer;
enfin des *Tropidonotus natrix* L.,
et des *Coronella austriaca* Lac.

Les Batraciens, de même que les petites espèces des groupes précédents, étaient placés dans de petites maisonnettes en verre dont le sol était formé par une plaque de zinc perforée, recouverte d'une couche de terre humide avec de la mousse, des fougères ou autres plantes, des rochers de tourbe et présentait, dans un coin, un étang minuscule; le toit de ces maisonnettes était tout en verre ou en partie grillagé.

Nous avons trouvé là, tout d'abord, une assez riche collection de Batraciens indigènes :

Bufo viridis Laur., *B. calamita* Laur., *B. vulgaris* Laur.;
Bombinator igneus Laur., *B. pachypus* Bonap.;
Alytes obstetricans Laur.;
Rana arvalis Nills., *R. agilis* Thom., *R. esculenta* L., *R. temporaria* Ant.;
Salamandra maculosa Laur.;
puis des espèces exotiques :
Molge torosa Laur., Salamandre de l'Amérique du Nord;
Hyla versicolor Lac., *Rana catesbiana* Shaw.;
Pipa americana du sud de l'Amérique;
enfin *Bufo marinus* L., du Brésil.

Ces derniers étaient placés dans de grands aquariums, longs de 2 à 3 mètres, dont le fond était disposé de façon à permettre la ponte des œufs et à faciliter la suite des métamorphoses. Quelques espèces, telles que *Rana catesbiana*, étaient représentées par des individus adultes en même temps que par des formes larvaires.

Ajoutons dès maintenant que les Salamandres du Japon se reproduisent à l'Aquarium dont nous allons parler maintenant.

Cet Aquarium, qui est une des curiosités du Jardin d'Amsterdam, date de 1877. A cette époque, la municipalité d'Amsterdam, qui avait déjà créé une Université, donna en toute propriété, à la Société royale de zoologie, un terrain de 2,735 mètres carrés, situé dans le voisinage immédiat du Jardin. Comme conditions, la ville demandait à la Société de consacrer ce terrain à la construction d'un vaste palais renfermant un aquarium, un amphithéâtre, un musée et des laboratoires d'études pour les professeurs et les élèves de l'Université; elle demandait, de plus, pour les étudiants ès sciences naturelles, l'entrée gratuite chaque matin du Jardin, de la Bibliothèque et des Musées. Du reste, depuis quelque temps, le professeur Max Weber, conservateur des collections, de concert avec le Dr Kerbert, directeur actuel du Jardin, a réalisé une unification des plus heureuses entre les collections de l'Université et celles de la Société.

Le terrain donné par la ville avait un sous-sol de sable mouvant, comme celui de tout Amsterdam du reste. Aussi 1,740 pilotis y furent-ils enfoncés et, trois ans après, une magnifique construction s'élevait à cet endroit.

L'Aquarium, dont seul nous avons à parler dans ce rapport, fut installé d'après le système à circulation continue de W. Alford Lloyd, système qui avait été appliqué, pour la première fois en grand, à Paris, en 1861, pour l'aquarium du Jardin d'Acclimatation du Bois de Boulogne.

Les constructions en sous-sol de cet Aquarium renferment trois grands réservoirs, dont deux contiennent 447,845 litres d'eau de mer et l'autre 116,256 litres d'eau douce. C'est toujours la même eau qui sert depuis 1880. Elle est pompée par deux moteurs à gaz de 8 chevaux (dont un de réserve), à l'une des extrémités de ces réservoirs; elle est lancée dans deux grandes conduites en fonte émaillée (avec robinets en ébonite) qui présentent, à leur origine, une petite ouverture d'aération; puis elle monte aux étages supérieurs et court, dans toute la longueur du bâtiment, au-dessus des bacs. Sur chaque grande conduite se branchent, de place en place, des tuyaux de caoutchouc dont l'extrémité libre porte des tubes de verre et tombe directement au-dessus des bacs. L'orifice terminal de ces tubes n'ayant que quelques millimètres de diamètre, le jet d'eau qui en sort est assez violent pour déterminer, après s'être aéré une seconde fois, un courant d'eau suffisamment fort pour entraîner les petites impuretés rejetées par les Poissons dans l'eau du bac; les plus grosses de ces impuretés, qui tombent au fond, sont enlevées chaque matin par les garçons, au moyen de tubes d'aspiration.

Les bacs, de dimensions variables, sont au nombre de 20 : 9, d'une contenance totale de 84,695 litres pour l'eau de mer, et 11, d'une contenance totale de 61,155 litres pour l'eau douce (le plus grand a un volume de 40 mètres cubes).

Le service de ces bacs se fait par deux grands couloirs latéraux, à toit vitré (fig. 46), dans lesquels se trouvent de petits aquariums pour l'étude zoologique et 13 bassins de réserve : 9 d'eau de mer, d'une capacité de 13,171 litres, et 4 d'eau douce, de 9,095 litres.

L'eau sort des bacs où vivent les animaux, par un orifice latéral et tombe dans une conduite commune qui la ramène aux réservoirs, à l'extrémité du sous-sol opposée à celle où elle avait été pompée. Mais, avant de revenir dans les réservoirs, cette eau subit une série de filtrations successives; elle tombe d'abord dans un sac de toile suspendu à l'extrémité de la conduite; puis elle passe au travers d'un quadrillage de bois qui supporte le sac et elle traverse enfin un lit de sable et de pierres.

Il y a donc, en circulation continue depuis 26 ans, tant dans les réservoirs que dans les conduites et les bacs, un volume total de 623,573 litres d'eau de mer, et de 225,767 litres d'eau douce.

Si nous pénétrons maintenant dans l'Aquarium avec les visiteurs, nous passons devant une belle statue de marbre qui orne le vestibule, puis nous entrons dans une grande salle obscure tout au fond de laquelle se trouve une petite pièce éclairée.

La grande salle présente, à droite, les parois vitrées de 11 bacs d'eau douce dans lesquels nous avons remarqué, en particulier : des Sandres (*Lucioperca sandra* L.) qui se sont reproduites ici plusieurs fois, des Poissons-Chats, des Epinoches, des Brochets, des Gardons, des Barbeaux, des Truites, de grosses Anguilles, de petits Esturgeons, etc. A gauche de la salle, 9 grands bacs d'eau de mer renfermaient : *a.* — parmi les Poissons : une cinquantaine de Harengs, qui vivent très bien ici depuis plus de 3 ans et demi; des grandes Raies, des Roussettes, des Congres, des Morues, des Spratts, des Plies, des Soles, etc.; *b.* — parmi les Crustacés : des Étrilles (*Portunus puber* Leach., et *Porcellana platycheles*, Penn.), des Bernard-l'Hermite, des Crabes, des Homards, des Anatifes, etc.; *c.* — parmi les Mollusques : *Eledone cirrhosa*

Fig. 46. — AMSTERDAM. Un des couloirs de service de l'Aquarium.

Fig. 47. — AMSTERDAM. Cage à Insectes.

LEROUX, *Edit.*

Lam., *El. aldrovandi*, Rafin et *Loligo subulata* Lam.; enfin de belles séries d'Anémones et d'Étoiles de mer qui tapissaient de leurs vives couleurs le fond de certains aquariums.

Tous ces bacs ont des sols sableux avec lesquels on peut voir les Pleuronectes harmoniser leurs propres couleurs. Ils sont, de plus, pourvus de rochers artificiels garnis de plantes aquatiques qui forment un fond sombre et permettent de voir parfaitement les animaux et d'observer leurs mœurs. Aucune description, du reste, ne saurait rendre l'effet produit par ces grands Poissons nageant gracieusement dans l'eau transparente d'un énorme bac de 5 à 6 mètres de longueur, éclairés par une lumière diffuse dans laquelle étincellent leurs couleurs nacrées.

Dans la petite salle du fond se trouvent, sur des tables isolées : un certain nombre de petits aquariums en verre, les uns cubiques, les autres en forme de calices, pour les animaux marins de petite taille et d'autres dont la température est maintenue constante par un thermorégulateur construit d'après le système du professeur Dr Max Weber. Ces derniers aquariums contiennent des Poissons exotiques provenant des Indes hollandaises, de l'Amérique du Sud, de la Chine, etc. Nous avons pu y noter, en particulier, la présence de Poissons Caméléons ou Canchito (*Heros facetus* Jemys) de l'Amérique du Sud, qui se reproduisent régulièrement ici chaque année, et celle de larves de Salamandres géantes du Japon (*Megalobatrachus maximus* Schel.) provenant d'éclosions obtenues ici, le 18 septembre 1903.

L'énumération que nous venons de faire des animaux vivants dans l'Aquarium ne peut donner, du reste, qu'une bien faible idée de la richesse de ses bacs qui renferment, à peu près, toutes les espèces communes d'Europe. Mais une liste plus complète ne serait jamais rigoureusement exacte, car c'est par milliers que les animaux y arrivent continuellement.

Cet Aquarium est certainement ce qu'il y a de plus remarquable au Jardin d'Amsterdam, tant par la variété des aspects qu'il présente aux visiteurs que par les ressources qu'il offre aux travailleurs scientifiques. Ces ressources ne sont peut-être pas utilisées comme elles pourraient l'être, du moins pour l'étude expérimentale des animaux marins ou pour la simple observation de leurs mœurs. Dans ce dernier ordre d'idées, pourtant, M. Kerbert a noté quelques faits intéressants sur les reproductions du Lompe

(*Cyclopterus lumpus* L.), du Sandre, et de la Salamandre géante du Japon. De plus, la ponte et le développement exceptionnel des œufs de cette dernière espèce a permis aux Drs de Bussy, de Lange et de Rooy, tous élèves du professeur Max Weber, de suivre les différentes phases du développement de cette espèce rare, que l'on n'avait pas pu faire reproduire jusqu'ici en aquarium, même dans son pays d'origine.

Le Jardin d'Amsterdam présente encore une installation particulière dont nous n'avions vu jusqu'ici qu'un premier essai au Jardin zoologique de Londres : c'est un Insectarium qui, commencé en 1898 et agrandi en 1899, est confié actuellement aux soins de M. Polak, instituteur à Amsterdam.

Cet Insectarium ne ressemble en rien aux fermes d'élevages que nous avons visitées en Angleterre; mais, comme celles-ci, il comporte surtout l'élevage des Papillons de nuit qui sont, en Hollande, dans la proportion de 95 p. 100 sur l'ensemble des Lépidoptères.

Il se compose d'un certain nombre de petites cages ou caisses en verre, posées sur des placards et disposées tout autour d'une des salles de la maison des Reptiles. Cette salle était ornée de palmiers et de plantes vertes qui lui donnaient l'aspect d'une petite serre.

Chaque cage à Insectes (fig. 47) est formée par une caisse en verre, sans couvercle, que l'on a placée, l'ouverture en bas, sur une boîte de zinc; la face supérieure de cette dernière, percée de trous et garnie de mousse ou de sable, supporte des flacons à large ouverture contenant des plantes fraîches dont les Chenilles se nourrissent. La partie vitrée du haut de l'appareil est souvent remplacée par un grillage et supporte de petites boîtes à Insectes, contenant des individus desséchés, de la même espèce que ceux qui vivent au-dessous.

L'époque à laquelle nous sommes allé à Amsterdam, à la fin d'octobre, n'était guère favorable à la visite de cette partie du Jardin. Nous y avons trouvé des chrysalides de :

Smerinthus populi Linné;
S. ocellata Linné;
Deilephila euphorbiæ Linné;
Phalera bucephala Linné;
Psyche villoscella O. et *P. graslinella* Boisd.;

Acherontia atropos Linné;
Papilio machaon Linné;
Philosamnia cythia;
Saturnia pyri Schiff.

Dans d'autres cages des Chenilles d'*Attacus orizaba* J. du Mexique vivaient sur des feuilles de lierre et des Chenilles de *Bombyx rubi* mangeaient des feuilles de saule. Plus loin, il y avait des Papillons de *Vanessa polychroa* endormis sur des branches d'asperges, des *Vanessa antiopa* sur la mousse et des *Amphidasis betularia* sur des feuilles de bouleau. Enfin des *Bacillus rossii* F. du sud de l'Europe se reposaient sur des feuilles de ronces, des larves rouges de *Phyllium siccifolium*, de Java, grimpaient sur les parois de verre, des Carabes dorés se cachaient sous des mottes de tourbe, une colonie de Cucujos éclairait, même en plein jour, de leurs gros points lumineux, la cage semi-obscure où on les avait placés, et des Fourmis industrieuses essayaient de tirer parti des nids artificiels en plâtre dans lesquels on les avait mises.

Cet Insectarium, dans lequel on est guidé par un intéressant petit livre, illustré de jolies photographies, et écrit par M. Polak, a un grand succès auprès des visiteurs du Jardin. Ce succès nous paraît d'ailleurs très mérité si nous nous basons, pour juger de ce qu'il peut être en été, sur le nombre d'exemplaires que contenaient encore les cages, en automne.

Avant de quitter le si intéressant Jardin zoologique d'Amsterdam, disons encore qu'un état nominatif des animaux entrant dans ce Jardin est tenu constamment au courant par les soins de la Direction. Ceci a permis au Dr Kerbert de nous donner la liste systématique des animaux vertébrés qui ont vécu au Jardin zoologique, du 1er mai 1838 jusqu'au 1er novembre 1906. Dans cette liste, qui forme un volume grand in-4° de 200 pages, nous avons relevé la liste suivante, en donnant seulement le nom des espèces qui se sont reproduites au Jardin.

MAMMIFÈRES.

QUADRUMANES : 6 espèces d'Anthropoïdes; 47 espèces de Cercopithèques, dont : *Macacus sinicus* L., *M. cynomolgus* L., *M. nemestrinus* L., *M. rhesus* Aud., *Cynocephalus hamadryas;* 18 espèces de Cebidés; 8 espèces d'Hapalidés.

Lémuriens : 13 espèces de Lemuridés, dont : *Lemur mongos* L., *L. brunneus* v. d. H.; 1 espèce de Chiromyidés.

Carnivores : 32 espèces de Félidés, dont : *Felis leo* L., *F. pardus* L., *F. pardus* var. *nigra*, *F. leopardus* L., *F. concolor* L., *F. onca* L. et un hybride de Tigre et de Lion; 25 espèces de Viverridés; 3 espèces de Hyénidés; 45 espèces de Canidés, dont : *Canis lupus* L., *C. vulpes* L.; 14 espèces de Mustélidés; 5 espèces de Procyonidés; 16 espèces d'Ursidés, dont : *Ursus maritimus* L., *U. arctos* L.

Pinnipèdes : 1 espèce d'Otaridés, *Otaria gillespii* Mc. B.; 2 espèces de Phocidés,

Insectivores : 2 espèces de Talpidés, 2 espèces d'Erinaceidés.

Cheiroptères : 4 espèces de Ptéropodidés, 7 espèces de Vespertilionidés.

Rongeurs : 32 espèces de Sciuridés; 1 espèce de Castoridés, *Castor canadensis;* 2 espèces de Myoxidés; 4 espèces de Gerbillinés; 1 espèce de Cricetinés; 11 espèces de Murinés; 1 espèce d'Arvicolinés, 2 espèces de Dipodidés; 2 espèces d'Octodontidés, dont : *Myopotamus coypus* Mol.; 11 espèces d'Hystricidés, dont : *Hystrix cristata* L.; 2 espèces de Chinchillidés; 8 espèces de Dasyproctidés, dont : *Dasyprocta aguti* L.; 7 espèces de Caviidés, dont : *Cavia porcellus;* 10 espèces de Léporidés.

Hyraces : 2 espèces d'Hyracidés.

Proboscidiens : 3 espèces d'Éléphantidés.

Périssodactyles : 2 espèces de Rhinocérotidés; 2 espèces de Tapiridés; 20 espèces d'Équidés, dont : *Equus tœniopus*, Heugl., *E. Zebra* L., et des hybrides d'Hémione et de Poney, d'Hémione et de Quaggua, du Zèbre commun et du Zèbre de Burchell.

Artiodactyles : 21 espèces de Bovinés, dont : *Bos taurus* var.? *frontosus*, *Bos indicus* L., *Bos americanus* Gm.; 6 espèces de Tragelaphinés, dont : *Oreas canna* H. Smith, *Tragelaphus gratus* Scl., *Boselaphus tragocamelus* Pall.; 3 espèces d'Oryginés; 2 espèces d'Hippotraginés; 10 espèces d'Antilopinés, dont : *Antilope cervicapra* L.; 5 espèces de Cervicaprinés; dont : *Cobus unctuosus* Laur.; 5 espèces de Céphalophinés, dont : *Cephalophus maxwellii;* 8 espèces d'Alcélaphidés; 2 espèces de Rupicaprinés; 29 espèces de Caprinés, dont : *Ovis musimon* Schreb, *O. tragelaphus* Desm. et des hybrides d'*Ovis aries* L. et *Capra hircus* L.; 1 espèce d'Antilocapridés; 1 espèce de Girafidés; 38 espèces de Cervinés, dont : *Cervus elaphus* L., *C. canadensis* Schreb., *C. Sika* Temm., *C. aristoteli* Cuv., *C. equinus* Cuv., *C. kuhlii* Müll., *C. porcinus* Zimm.; *C. hippelaphus* Cuv., *C. moluccensis* Müll., *C. axis* Erxl., *Dama vulgaris, Alcemachlis* Ogilby, *Cariacus virginianus* Gm., *C. nemoralis* H. Smith et *Rangifer tarandus* L.; 3 espèces de Tragulidés; 6 espèces de Camélidés, dont : *Lama peruana* Tréd., *Camelus bactrianus* L.

Porcins : 1 espèce d'Hippopotamidés, *Hippopotamus amphibius* L.; 2 espèces de Phacochœridés; 12 espèces de Suidés.

Cétacés : 1 espèce de Delphinidés.

Édentés : 4 espèces de Bradypodidés; 5 espèces de Dasypodidés; 2 espèces de Myrmécophagidés; 2 espèces d'Oryctéropidés.

Marsupiaux : 6 espèces de Didelphidés; 4 espèces de Dasyuridés; 1 espèce de Péramelidés; 6 espèces de Phalangistidés; 25 espèces de Macropodidés, dont : *Macropus rufus* Desm., *M. robustus* Gould., *M. giganteus* Shaw., *M. melanops* Goud, *Halmaturus bennettii* Waterh., *H. billardieri* Desm., *H. dorsalis* Gr., 3 espèces de Phascolomyidés.

Monotrèmes : 1 espèce d'Échidnés.

OISEAUX.

Rapaces : 1 espèce de Gypaetidés; 20 espèces de Vulturidés, dont : *Catharista atrata* Bartr.; 76 espèces de Falconidés; 1 espèce de Serpentaridés; 33 espèces de Strigidés.

Passereaux : 16 espèces de Fissirostres; 13 espèces de Ténuirostres; 112 espèces de Dentirostres; 369 espèces de Conirostres.

Grimpeurs : 11 espèces de Ramphastidés; 188 espèces de Psittacidés, dont : *Melopsittacus undulatus* Shaw.; 24 espèces de Cacatuidés; 3 espèces de Capitonidés; 8 espèces de Picidés; 7 espèces de Cuculidés.

Colombins : 202 espèces de Columbidés, dont *Goura victoriæ* et 123 variétés de *Columbia livia* Bp.

Gallinacés : 4 espèces de Ptéroclidés, dont : *Syrrhaptes paradoxus* Pall.; 18 espèces de Cracidés; 3 espèces de Mégapodidés; 95 espèces de Phasianidés, dont : *Pavo cristatus* L., *P. alba*, *P. nigripennis* Sclat., *P. muticus* L., *Polyplectron bicalcaratum* L., *P. germani* Ell., *Chrysolophus pictus* L., *Ch. obscurus* Schl., *Ch. amherstiæ* Leadb, *Euplocomus vieillottii*, *E. albocristatus* Vig., *E. melanotus* Bl., *E. nycthemerus* L., *E. lineatus* Lath, *E. swinhoii* Gould, *E. diardi* Temm. *Lophophorus impeyanus* Lath, *Ceriornis satyrus* Edw., *C. temmincki* Gr., *C. caboti* Gould, *Melagris gallopavo* L., *Numida meleagris* L., *Phasianus colchicus* L., *P. torquatus* Temm., *P. mongolicus* Brandt, *P. versicolor* V., *P. wallichii* Hardw., *P. reevesii* Gr., *P. soemmeringii* Temm., et 29 variétés de *Gallus domesticus* L.; 38 espèces de Tétraonidés, dont : *Callipepla* (*Lophortyx*) *californica* Lath.

Coureurs : 2 espèces de Struthionidés; 2 espèces de Rheidés; 10 espèces de Casoaridés; 8 espèces de Tinamidés, dont : *Rhynchotus rufescens* Temm.

Échassiers : 2 espèces d'Otididés; 12 espèces de Charadriadés; 4 espèces de Hæmatopodidés; 2 espèces de Psophidés; 2 espèces de Cariamidés, 14 espèces de Gruidés, dont : *Grus viridirostris* V.; 1 espèce d'Eurypigidés; 1 espèce de Rhinochetidés; 25 espèces d'Ardeidés, dont : *Nyctiardea nycticorax* L.; 12 espèces de Ciconiidés, dont : *Ciconia alba* Belon; 2 espèces de Plataleidés; 12 espèces de Tantalidés, dont : *Geronticus spinicollis* James, *G. religiosa* Sav., *G. strictipennis* Gould; 21 espèces de Scolopacidés; 10 espèces de Rallidés, dont : *Aramides cayanea* Müll.; 11 espèces de Gallinulidés, dont : *Gallinula chloropus* L.; 3 espèces de Palamédeidés.

PALMIPÈDES : 3 espèces de Phénicoptéridés; 99 espèces d'Anatidés, dont : *Chenalopex ægyptiaca* Gm., *Cereopsis novæ hollandiæ* Lath., *Anser domesticus,* *A. cygnoïdes* L., *Branta bernicla* L., *B. canadensis* L., *B. magellanica* Gm., *B. dispar.* Phil.; *Cygnus olor* Gm., *C. immutabilis* Yarr., *C. nigricollis* Gm., *C. atratus* Lath., *Tadorna cornuta* L., *Casarca rutila* Pall., *Aex sponsa* L., *A. galericulata* L., *Mareca penelope* L., *M. Chiloënsis* King., *Dafila spinicauda* V., *D. bahamensis* L., *Anas boschas* L., *Chaulelasmus streperus* L., *Cairina moschata* L., *Fuligula rufina* Pall.. *Aythia nyroca* Güld.; 2 espèces de Colymbidés; 6 espèces de Podicipidés; 1 espèce de Sphéniscidés; 3 espèces d'Uriidés; 1 espèce de Procellaridés; 17 espèces de Laridés; 10 espèces de Pélécanidés, dont : *Graculus carbo* L.

REPTILES.

CHÉLONIENS : 16 espèces de Testudinés; 26 espèces d'Émyidés; 1 espèce de Chélydidés; 5 espèces de Trionychidés; 5 espèces de Chélonidés.

CROCODILIENS : 11 espèces de Crocodilidés.

SAURIENS : 1 espèce de Sphénodontidés; 3 espèces de Geckotidés; 3 espèces de Varanidés; 2 espèces de Teiidés; 5 espèces de Lacertidés; 1 espèce de Zonuridés; 4 espèces de Scincidés; 4 espèces d'Agamidés; 5 espèces d'Iguanidés; 1 espèce de Chamœléonidés.

OPHIDIENS : 13 espèces de Boïdés, dont : *Eunectes murinus* L.; 12 espèces de Colubridés; 1 espèce de Psammophidés; 2 espèces de Dryophiidés; 2 espèces de Dipsadidés; 4 espèces de Vipéridés; 4 espèces de Crotalidés.

BATRACIENS.

ANOURES : 3 espèces de Ranidés; 1 espèce de Cystignathidés; 3 espèces de Bufonidés; 1 espèce d'Hylidés; 1 espèce de Discoglossidés.

URODÈLES : 6 espèces de Salamandridés, dont : *Molge cristata* Laur., *M. vulgaris* L., *Siredon mexicanus* Shaw.; 3 espèces d'Amphiumidés, dont : *Cryptobranchus japonicus* v. d. H.; 1 espèce de Protéidés; 1 espèce de Sirénidés.

POISSONS.

1 espèce de Percidés, *Perca fluviatilis* L.; 1 espèce de Scianidés; 1 espèce de Discoboles, *Cyclopterus lumpus* L.; 1 espèce de Labyrin-

thiques, *Macropus viridi-auratus* Lac.; 1 espèce de Gadidés; 2 espèces de Siluridés; 8 espèces de Salmonidés, dont : *Salmo salar* L., *S. trutta* L., *S. fario* L., *S. lacustris* L., *S. umbla* L., *S. salvelinus* L., *S. fontinalis* L., *S. quinnat* Rich.; 1 espèce d'Ésocidés; 5 espèces de Cyprinidés, dont : *Carassius auratus* L.; 1 espèce de Gymnotidés; 2 espèces de Murœnidés; 1 espèce de Syngnathidés; 1 espèce de Lépidosirénidés; 2 espèces d'Accipenseridés.

En résumé, cette liste nous montre que la Société royale de zoologie « Natura Artis magistra » a fait vivre dans ses Jardins, en l'espace de 68 ans, pour ce qui concerne seulement les Vertébrés, des représentants de 589 espèces ou variétés de Mammifères, dont 67 s'y sont reproduites, de 1,581 espèces d'Oiseaux dont 73 s'y sont reproduites, de 151 espèces de Reptiles et de Batraciens dont 5 s'y sont reproduites et enfin de 27 espèces de Poissons dont 4 seulement s'y sont reproduites.

4° PARCS PRIVÉS
ET STATIONS DE BIOLOGIE EXPÉRIMENTALE.

Si nous laissons de côté l'oisellerie assez importante, paraît-il, de M. de Bas, notaire à la Haye, et les Lamas de M. Jochems qui habite également la Haye, nous ne trouvons en Hollande, pour rivaliser avec les parcs d'Angleterre, que la collection de M. Blaauw.

M. Blaauw est un ancien secrétaire du Comité de la Société royale de zoologie qui consacre ses loisirs à l'élevage et à l'observation des nombreux Mammifères et Oiseaux étrangers qu'il a acclimatés dans son parc de Gooilust, à S'graveland.

S'graveland est un petit village situé à quelques lieues au sud-est d'Amsterdam. Pour y arriver il faut traverser les plaines verdoyantes des polders et les marais couverts de Canards, de Foulques, et autres Oiseaux aquatiques que le passage du train ne dérangeait nullement dans leurs pêches. L'on descend à la gare de Hilversum, puis après avoir fait quelques kilomètres sur une belle route bordée de villas nichées dans la verdure, on arrive à la maison de M. Blaauw, située au milieu d'un parc bordé de jardins, d'herbages et de bois dans lesquels sont placés les animaux.

On trouve d'abord, près de la maison, un grand jardin dont une partie est divisée en un certain nombre de petits enclos gazonnés et boisés, possédant tous un petit étang en miniature et isolés les uns des autres par des haies de thuya renforcées et quelques-unes couvertes de grillages. Ces enclos renferment de nombreuses espèces de Canards et d'Oies, des Tinamous, des Bernaches, des Grues, des Spatules, des Cereops, des Faisans, etc. (fig. 48, vue d'un de ces enclos renfermant des Grues à cou blanc). Dans l'autre partie du jardin, laissée en friche dans quelques endroits, et présentant de nombreux abris naturels tels que de magnifiques touffes de bambous, vivent en liberté des Grues, des Flamants et nombre d'autres Oiseaux qui fuyaient à notre approche.

Les herbages, qui étaient encore, au mois d'octobre, couverts de cette verdure brillante propre à tous les Pays-Bas, sont séparés par des clôtures en fer. Ces herbages forment autant de parcs dans lesquels nous avons trouvé des Bisons, des Gnous et quelques autres Bovidés exotiques, puis des Émeus, des Nandous et des Kangouroos qui peuvent se retirer librement dans un petit bois de jeunes chênes.

Il est inutile de dire que ces animaux, vivant ainsi dans des parcs qui ont de 1 à 3 hectares d'étendue, se présentent dans des conditions telles qu'elles les rapprochent de très près des conditions de l'état sauvage. Aussi quelle puissance de vie chez ces bêtes et combien M. Blaauw a raison d'en défendre la libre visite. Ces animaux sont du reste très farouches, et nous avons été très heureux de pouvoir nous réfugier derrière un taillis, pour échapper à la fureur d'un Bison qui avait été effrayé sans doute par notre appareil photographique et qui fonçait sur nous.

La plupart de ces animaux : les Tinamous, les Bernaches, les Nandous, les Gnous etc., se reproduisent à S'graveland et ces circonstances ont permis à M. Blaauw d'écrire nombre de notes intéressantes sur leurs mœurs.

Le troupeau de Gnous, en particulier, était composé, quand nous l'avons vu, de 9 individus, dont 4 femelles adultes, une femelle âgée de deux ans, un mâle adulte et trois jeunes nés au mois de juillet 1906.

Ce troupeau doit son origine à une paire de Gnous achetée, en mars 1886, au Jardin d'Acclimatation de Paris. La femelle s'est mise de suite à reproduire et a donné naissance jusqu'ici à une

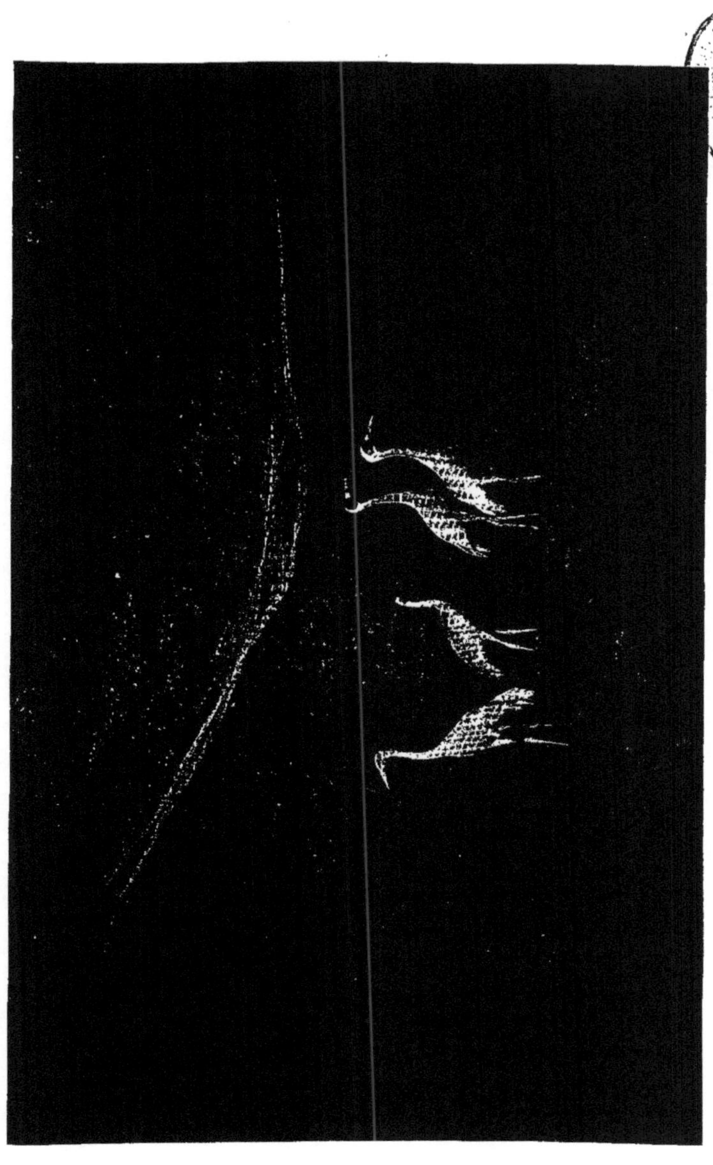

Fig. 48. — Grues à cou blanc dans un des enclos du jardin de M. Blaauw, à Sgraveland.

Fig. 49. — Un des jardins d'expérience du professeur de Vries, à Amsterdam. Culture d'Œnothères. Au premier plan, cage à fécondation.

E. Leroux, Edit.

nombreuse famille. Depuis 1886, une trentaine de jeunes sont nés dans le parc, alors que les pertes y ont été à peu près nulles; les deux premiers reproducteurs sont morts de vieillesse et deux jeunes ont succombé pendant le très rude hiver de 1890.

La durée de la gestation a toujours été de 8 mois et demi environ; les jeunes femelles peuvent reproduire dès l'âge de 22 mois. Les animaux nés dans le parc sont généralement craintifs, surtout les femelles; les mâles deviennent presque toujours méchants avec l'âge et finissent par se montrer agressifs. Pendant l'été, les animaux restent nuit et jour dehors; pendant les nuits d'hiver, on les rentre le plus souvent dans une cabane en bois divisée en compartiments et bâtie dans un coin de l'herbage. Lorsque la terre est couverte de neige, on donne aux Gnous du son, de l'avoine, du foin et des carottes.

———

Les Pays-Bas, pas plus que la Belgique du reste, ne possèdent pas de stations de zoologie expérimentale. L'importante école d'agriculture de l'État fondée en 1876 à Wageningen, près d'Arnheim, ne présente ni installation spéciale, ni jardin pour l'étude des Insectes.

Nous devions cependant une visite aux champs d'expériences du professeur H. de Vries d'Amsterdam, dont les intéressants travaux sur les croisements chez les plantes dépassent de beaucoup les limites de la Botanique pure.

C'est à l'*Hortus botanicus*, où sont situés ces champs d'expériences, que nous avons été reçu d'une façon très cordiale par le professeur de Vries. Ses installations se composent simplement de deux grands jardins couverts de grillage (fig. 49) et c'est dans une sorte de serre, offerte par ses élèves, qu'il a fait ses célèbres expérience ssur les Maïs, et, plus récemment sur les Epilobes et sur les Œnothères.

Nous avons retrouvé là, en somme, ce que nous avions déjà vu à Cambridge; mais les entourages de grillages des jardins du professeur de Vries sont un perfectionnement, employé seulement dans l'un des champs d'expériences de Cambridge; sans ce grillage, en effet, les Oiseaux viennent becqueter les fruits et faire mourir un grand nombre de graines.

VI

RÉSUMÉ

Notre voyage, limité au Royaume-Uni, à la Belgique et aux Pays-Bas, ne saurait comporter de conclusions générales sur les Jardins zoologiques.

Nous donnerons seulement ici une sorte de résumé synthétique des principaux faits consignés dans notre rapport, espérant pouvoir présenter plus tard un travail d'ensemble sur l'utilisation de ces sortes d'établissements, au point de vue de la science théorique et pratique, de l'éducation des artistes et de l'instruction générale des peuples.

A. *Jardins zoologiques.* — Tous les grands Jardins zoologiques que nous avons visités, à l'exception de celui de Manchester qui est une propriété particulière, ont été créés par des sociétés auxquelles ils appartiennent encore aujourd'hui :

Le Jardin de Londres, en 1826, par la *Zoological Society of London*;

Le Jardin de Dublin, en 1830, par la *Royal Society of Ireland*;

Le Jardin de Bristol, en 1835, par la *Bristol and West of England zoological Society*;

Le Jardin d'Amsterdam, en 1838, par la *Koninklijk zoologisch genootschap* : « *Natura artis magistra* »;

Le Jardin d'Anvers, en 1843, par la *Société royale de zoologie d'Anvers*;

Le Jardin de Rotterdam, en 1857, par la *Vereeniging Rotterdamsche Diergaarde*;

Le Jardin de la Haye, en 1862, par la *Koninklijk zoologisch Botanisch Genootschap.*

Les autres petits établissements zoologiques dont nous parlons dans notre rapport appartiennent soit à des sociétés comme celui de Sydenham (*Crystal Palace*), soit à des particuliers comme le *Zoological Park* de Southport et les fermes d'élevage de Papillons. Ces derniers établissements sont administrés et dirigés par leurs propriétaires. Les autres se divisent, au point de vue administratif, en 4 catégories :

1° Les Jardins de la Grande-Bretagne sont gérés par un surintendant, sous la direction effective du secrétaire de la Société ;

2° Le Jardin d'Anvers est administré et géré par le président de la Société aidé du directeur du Jardin ;

3° Le Jardin de la Haye est administré et géré par un directeur nommé tous les 5 ans ;

4° Les Jardins de Rotterdam et d'Amsterdam sont administrés et gérés librement par un directeur, sous le contrôle annuel d'un Conseil d'administration.

De tous ces systèmes, c'est le dernier qui, d'une façon générale, nous a paru le mieux compris pour donner une activité suivie et un perfectionnement progressif dans les méthodes d'élevage des animaux. C'est le troisième, au contraire, qui semble donner les moins bons résultats.

Le tableau suivant permettra, du reste, de se rendre compte facilement du mouvement général des grands Jardins zoologiques que nous avons visités, pendant le dernier exercice de l'année 1905-1906. Nous ferons seulement remarquer que les ressources des Sociétés se composent : des cotisations fixes des membres, d'abonnements annuels, d'entrées payantes aux portes, de la vente des animaux vivants ou morts, de lait, d'œufs, de guides et de cartes postales, de la location des restaurants ou des salles de fêtes et enfin de dons en nature ou en argent.

B. *Aquariums.* — Les Jardins zoologiques de Londres, de Rotterdam, de la Haye et d'Amsterdam sont les seuls dans lesquels nous ayons trouvé des aquariums. D'autres aquariums existent : à Plymouth, comme dépendance du laboratoire de biologie marine ; à Port-Erin (île de Man) comme dépendance de la station biologique.

Ces établissements fonctionnent dans un triple but : permettre des recherches scientifiques, faire le commerce d'animaux pour collection ou laboratoire et attirer un public de visiteurs.

D'autres aquariums, qui existent encore à Sydenham (Crystal Palace) et à Brighton, sont des établissements purement commerciaux.

MOUVEMENT GÉNÉRAL

PENDANT LE DERNIER EXE

NOMS DES JARDINS.	SURFACE TOTALE.	DIRIGEANT ou SCIENTIFIQUE.	SUBALTERNE (SURVEILLANTS ET EMPLOYÉS)			NOMBRE TOTAL des ANIMAUX.	MAMMIF INDIVIDUS.
			pour les animaux.	pour les jardins et les serres.	divers.		
	hect. ares						
Bristol..........	5 00	1 surintendant.	7	13		230 (environ).	107
Dublin..........	Voir p. 66.	1 surintendant.	10	4		711	215
Londres........	12 50	1 surintendant. 1 assistant. 1 prosecteur. 1 pathologiste. 1 préparateur.	60	16	31	2,913	689
Amsterdam......	10 00	1 directeur. 1 conservateur de collections. 1 assistant. 1 préparateur.	27	5	9		500
Anvers..........	10 00	1 directeur. 1 secrétaire. 1 naturaliste. 1 inspecteur général. 1 vétérinaire.	38	13	36	Nombre très varial	
La Haye........	6 00	1 directeur.	5	6	5	750 (environ).	140
Rotterdam	13 50	1 directeur.	14	21	22	2,245	423

(1) En réalité, cette somme est augmentée, dans plusieurs jardins, par le produit de la vente des animaux

...OS JARDINS ZOOLOGIQUES
...NNÉE 1905-1906.

...AUX. ESPÈCES.	REPTILES, BATRACIENS. INDIVIDUS.	ESPÈCES.	POISSONS.	RECETTES TOTALES de la SOCIÉTÉ.	DÉPENSES TOTALES du JARDIN.	DÉPENSES pour la NOURRITURE des animaux.	DÉPENSES POUR L'ACHAT ET LE TRANSPORT de nouveaux animaux [1].
				fr.	fr.	fr.	fr.
	12		"	178,075	152,950	13,725	1,762
113	19	9	69	112,550	84,675	20,100	4,930
560			110	1,573,625	560,875	87,950	28,114
Non recensé.				479,850	231,000	64,050	21,000
500 env. lors de notre visite).				900,000 (environ).	700,000 (environ).	126,261	315,371
87				169,866	?	9,903	?
82	182	36	113	339,948	339,765	48,300	15,855

...nt.

De tous ces aquariums, ceux d'Amsterdam et de Brighton sont de beaucoup les plus importants[1].

C. *Parcs et établissements zoologiques privés.* — Nous n'avons trouvé que quelques ménageries privées chez les riches propriétaires d'Angleterre et encore ces ménageries sont-elles peu importantes. Par contre, les parcs contenant des animaux sauvages sont très nombreux dans le Royaume-Uni.

Les uns sont des parcs de réserve pour des espèces animales en voie d'extinction dans leurs pays : Bœufs sauvages (parc de Chillingham, en Angleterre, et parc de Cadzow en Écosse) ; Cerfs élaphes (forêts de Lord Ardillann et de Lord Kenmare en Irlande).

Les autres ont surtout pour but d'acclimater des animaux étrangers en Angleterre : parcs du duc de Bedford à Woburn ; de Sir Ley Land à Beal ; de l'Honorable Walter Rothschild à Tring ; de Sir E. G. Loder à Horsham etc. ; en Hollande, parc de M. Blaauw à S'graveland. De tous les essais d'acclimatation tentés dans ces parcs, ceux du duc de Bedford ont une importance particulièrement exceptionnelle.

Enfin nous rapprocherons de ces parcs d'acclimatation des établissements analogues qui servent plus spécialement à l'étude expérimentale des questions de zoologie générale ou appliquée et des problèmes de biologie. Tels sont les élevages du professeur C. Ewart, de l'Université d'Edimbourg, à Pennycuik et à Duddington ; ceux du professeur Bateson, de l'Université de Cambridge, à Grandchester ; les cultures du professeur de Vries, de l'Université d'Amsterdam, au Jardin botanique d'Amsterdam.

Ces maîtres, par leurs propres efforts et par les recherches expérimentales qu'ils ont inspirées, ont, au point de vue de la zoologie et de la biologie expérimentale, placé leur pays dans une situation enviable pour la France. Ils n'ont pas hésité à débuter dans cette voie expérimentale avec leurs ressources personnelles ; mais les sociétés scientifiques et des dons particuliers sont venus à leur aide et certaines Universités anglaises montrent actuelle-

---

[1] Nous citerons encore ici, pour mémoire, l'Aquarium de Saint-Hélier dépendant du Laboratoire de M. Hornell, dans lequel nous avons travaillé pendant les grandes vacances de 1897.

ment une tendance manifeste à encourager la zoologie et la biologie expérimentales.

Malgré cela, les expériences que l'on pourra tenter dans de pareilles conditions seront forcément limitées à certaines espèces animales. Il est évident qu'aucun établissement universitaire ou privé ne pourra fournir, à l'expérimentation, les ressources de toute nature que nous avons trouvées dans les Jardins zoologiques. Aussi cela a-t-il été pour nous, qui combattons depuis six ans pour l'utilisation scientifique des ménageries, un véritable regret de voir tant d'argent dépensé, la plupart du temps, pour de simples exhibitions populaires.

Les Jardins zoologiques de Londres et d'Amsterdam, les aquariums de Plymouth, de Port-Erin et de Saint-Hélier ont donné lieu, il est vrai, à des travaux plus ou moins importants de Morphologie, de Physiologie ou de Systématique; les ressources des deux premiers Jardins permettent, de plus, la publication de périodiques scientifiques dont nous ne méconnaissons pas la valeur; mais, dans aucun, on n'a vu entreprendre les travaux pour lesquels ils sembleraient pourtant devoir être réellement créés : c'est-à-dire des observations ou des expériences longuement et patiemment suivies sur les animaux vivants, sur leurs mœurs, leurs reproductions, leurs rapports avec le milieu ambiant, en somme, sur ce que l'on est en droit de demander de plus en plus maintenant aux zoologistes : l'étude du transformisme expérimental.

Nous ne sommes pas le seul, du reste, à avoir fait ces réflexions. Déjà, en 1889, le professeur Ray-Lankester faisait remarquer que, depuis Darwin, aucun progrès réel n'avait été fait dans la voie de la zoologie générale, et il regrettait que les Jardins zoologiques aient toujours été conduits dans le sens d'exhibitions populaires (*The Encyclopædia Britannica*, t. XXIV, p. 856).

Si ces Jardins ne sont pas utilisés pour l'étude de la zoologie générale, ils ne semblent pas servir davantage malheureusement à l'éducation ni à l'instruction du peuple. Certaines de leurs collections sont belles, sans aucun doute, mais les espèces animales y sont présentées dans un ordre tout à fait artificiel et les visiteurs ne semblent y rechercher que les bêtes les plus curieuses par leurs formes et leurs couleurs, ou les plus amusantes par leurs mouvements.

Enfin ces Jardins ne servent pas, non plus, à l'histoire zoologique de leurs pays, car nous n'avons pas trouvé, *s'y reproduisant d'une façon constante*, les représentants des espèces ou des variétés indigènes qui sont actuellement en voie d'extinction : Bœufs et Chats sauvages d'Écosse et d'Angleterre, Cerfs élaphes d'Irlande, Chats et Poules sans queue de l'île de Man, etc.

Ces Jardins zoologiques présentent pourtant actuellement un grand avantage : c'est de permettre, par la comparaison de leurs méthodes, d'apprendre la meilleure façon de garder et d'élever des animaux sauvages en captivité.

Ce n'est pas là, en somme, un mince avantage, car cette connaissance est évidemment la première des conditions sans lesquelles on ne pourrait établir aucune observation ou expérience durable. Nous n'avons pas manqué de faire cette étude comparative au cours de notre voyage, et si nous n'en n'avons pas donné les résultats dans notre rapport, c'est qu'elle ne pourra avoir toute son utilité que le jour où nous aurons pu l'étendre aux autres Jardins zoologiques d'Europe et à ceux d'Amérique.

SE TROUVE À PARIS

À LA LIBRAIRIE ERNEST LEROUX

RUE BONAPARTE, 28

www.ingramcontent.com/pod-product-compliance
Ingram Content Group UK Ltd.
Pitfield, Milton Keynes, MK11 3LW, UK
UKHW021218140726
13695UKWH00002B/608